MINISTÈRE DE L'AGRICULTURE, DU COMMERCE ET DES TRAVAUX PUBLICS

ENQUÊTE

SUR

LA SITUATION ET LES BESOINS DE L'AGRICULTURE

QUESTIONNAIRE GÉNÉRAL

ET

RÉPONSES

FAITES

PAR LE COMICE AGRICOLE DE L'ARRONDISSEMENT DE METZ

METZ

IMPRIMERIE F. BLANC, RUE DU PALAIS

1866

MINISTÈRE DE L'AGRICULTURE, DU COMMERCE ET DES TRAVAUX PUBLICS

ENQUÊTE

SUR

LA SITUATION ET LES BESOINS DE L'AGRICULTURE

QUESTIONNAIRE GÉNÉRAL

ET

RÉPONSES

FAITES

PAR LE COMICE AGRICOLE DE L'ARRONDISSEMENT DE METZ

METZ

IMPRIMERIE F. BLANC, RUE DU PALAIS

1866

C.

Ministère de l'Agriculture, du Commerce et des Travaux publics.

ENQUÊTE

SUR

LA SITUATION ET LES BESOINS DE L'AGRICULTURE.

QUESTIONNAIRE GÉNÉRAL

ET

RÉPONSES FAITES PAR LE COMICE AGRICOLE DE L'ARRONDISSEMENT DE METZ.

1. — Conditions générales de la production agricole.

§ 1er. — ÉTAT DE LA PROPRIÉTÉ TERRITORIALE.

1. De quelle manière est divisée la propriété territoriale dans la contrée sur laquelle porte l'enquête?

Quelles sont les étendues de terrains qui, dans la contrée, sont considérées comme constituant les grandes, les moyennes et les petites propriétés?

Quelles sont les proportions relatives de ces diverses natures de propriétés?

ARRONDISSEMENT DE METZ. Étendue cadastrale, 162053 hectares.

§ 1. Terres labourables	102187h	soit	63 20 p. %.
Prairies	13816	—	8 50 —
Vignes	4001	—	2 50 —
Pâturages, terres incultes.	1434	—	0 80 —
Bois	25266'	—	15 50 —
Étangs, chemins, superficies bâties et cultures arborescentes	15349	—	9 50 —
	162053		

' Ce chiffre, indiqué par la Statistique agricole, paraît trop élevé, à raison des défrichements considérables effectués depuis un certain nombre d'années.

§ 2. Grandes propriétés, plus de 100 hectares.
    Moyennes propriétés, de 10 à 100 hectares.
    Petites propriétés au-dessous de 10 hectares.

§ 3. Exploitations de moins de 5 hectares..... . 37 p. %.
    Exploitations de 5 à 10 hectares .... 18 —
    Exploitations de 10 à 20   —   .... 16 —
    Exploitations de 20 à 50   —   .... 17 —
    Exploitations de 50 à 100   —   .... 9 —
    Exploitations de plus de 100 hectares....... 3 —
                                     100

2. Quelle influence les changements qui ont pu avoir lieu depuis les trente dernières années dans la division de la propriété ont-ils exercée sur les conditions de la production ?

La division de la propriété a augmenté.
Le produit brut est devenu plus considérable.
Les frais de production se sont accrus dans une forte proportion.

3. En quelle proportion compte-t-on, parmi les ouvriers agricoles, ceux qui, propriétaires de lots de terre plus ou moins importants, travaillent alternativement pour eux et pour les autres ?

Cette proportion, qui augmente chaque jour, est d'environ 75 p. %.

§ 2. — Mode d'exploitation.

4. Quelles sont les divers modes d'exploitation du sol ? Dans quelles proportions existent la grande, la moyenne et la petite culture ?

Voir le numéro 1.
    Grande culture................. 5 p. %.
    Moyenne culture............... 42 —
    Petite culture .... 55 —
                                     100

5. Les grands propriétaires, les propriétaires moyens et les petits propriétaires exploitent-ils généralement par eux-mêmes ou font-ils exploiter sous leurs yeux et à leur compte ?

Les grands propriétaires qui exploitent sont dans la proportion de 2 p. %.

Les moyens propriétaires, de 40 p. %.

Les petits propriétaires, de 98 p. %.

Ces évaluations sont approximatives.

6. **Quelle est, parmi les grands, moyens ou petits propriétaires, la proportion de ceux qui louent leurs terres à des fermiers ou les font cultiver par des métayers ?**

Les grands propriétaires qui n'exploitent pas sont dans la proportion de 98 p. %.

Les moyens, de 60 p. %.

Les petits, de 2 p. %.

Le métayage n'existe pas dans l'arrondissement ; tout au plus pourrait-on appeler de ce nom quelques accords de propriétaires de vignes avec leurs vignerons.

7. **Lorsque le régime du métayage existe, est-il d'usage qu'il y ait pour plusieurs domaines un fermier général servant d'intermédiaire entre les propriétaires et les métayers ?**

Non, le métayage n'existe pas.

§ 3. — Transmission de la propriété.

8. **Quels sont, pour les différentes espèces de propriétés et pour les divers genres d'exploitation, le prix de vente des terres suivant leur qualité, les variations que ces prix ont pu subir depuis un certain temps, en remontant à trente ans au moins, et les causes de ces variations ?**

Terres labourables, 1re classe	....	2 600f
— 2e —	....	1 800
— 3e —	....	1 000
Prés........... 1re —	....	5 000
— .... 2e —	....	3 000
— .... 3e —	....	1 500
Vignes .... 1re —	....	7 000
— .... 2e —	....	3 000
— .... 3e —	....	2 000

Le prix des terres labourables a baissé, depuis 1848, à raison des avantages offerts par les placements mobiliers, de la rareté de la main-d'œuvre, provenant de l'émigration des populations rurales, et des difficultés et des charges qui accompagnent la transmission de la propriété foncière aux héritiers.

La valeur des prés a peu varié.

Le prix des vignes s'est élevé par suite de la facilité plus grande des transports, des traités de commerce, des progrès de la consommation.

Le prix des terrains boisés a augmenté de 25 p. %, environ, à raison des défrichements nombreux qui ont été effectués depuis trente ans, et de la rareté des bois qui en a été la conséquence.

9. Les domaines sont-ils ordinairement conservés dans une seule main au moyen d'arrangements de famille particuliers, ou sont-ils divisés entre les enfants ou les héritiers à la mort du chef de famille, ou enfin sont-ils habituellement vendus? Quelles sont les conséquences produites dans l'un ou dans l'autre cas?

Les domaines sont très-rarement conservés dans une seule main : ils sont presque toujours divisés entre les enfants ou les héritiers ; quelquefois vendus.

La division qui résulte de ce partage produit des effets utiles.

Il en est autrement de la subdivision, qui consiste dans la division en un grand nombre de parcelles de la part afférente à chaque héritier. Cette subdivision est nuisible à l'agriculture.

10. Les ventes de terres ont-elles lieu plus particulièrement en bloc ou en détail? Dans quelles proportions se pratiquent ces deux modes de vente? Quelles sont les différences de prix suivant que l'un ou l'autre est employé?

Les ventes de terres ont lieu bien plus souvent en détail qu'en bloc. C'est en détail que les trois quarts environ des terres sont vendues.

Lorsque la vente a lieu en détail, les terres sont vendues un cinquième plus cher que si la vente avait lieu en bloc.

§ 4. — CONDITIONS DE LOCATION DE LA PROPRIÉTÉ.

11. Quelles sont les prix de location des terres suivant leurs

diverses qualités et dans les différents modes de constitution et d'exploitation de la propriété? Quelles variations ces prix ont-ils subies depuis trente ans au moins et quelles ont été les causes de ces variations?

Une ferme, composée de terres de première classe, bâtiments et prés compris, est généralement louée (les contributions étant mises à la charge du fermier)

à raison de.. 1re classe.....80 francs l'hectare
2e classe.....55
3e classe.....40

On peut évaluer à 25 p. °/₀ l'augmentation des fourrages depuis trente ans. Depuis dix ans cependant, ces chiffres sont à peu près stationnaires.

La baisse se manifeste même depuis cinq ans, dans un grand nombre de localités.

Les causes sont: la rareté du capital agricole et le renchérissement de la main-d'œuvre.

12. Quelles sont les conditions des baux à ferme, leur durée habituelle, les obligations qu'ils imposent aux fermiers, indépendamment du payement des fermages, notamment sous le rapport des redevances de toute espèce? Quelles sont le plus habituellement la nature et les valeurs de ces redevances? Quelles modifications ont eu lieu dans les baux, sous ce dernier rapport particulièrement, depuis trente ans environ?

Les conditions des baux à ferme sont très-variées, on y rencontre, habituellement, les obligations suivantes imposées au fermier :

Ne pas sous-louer ou céder le bail, sans l'autorisation du bailleur.

Ne vendre ni paille ni fourrage, mais les faire consommer par les bestiaux, employer les fumiers à l'amendement des terres de la ferme, rendre à la sortie les pailles et fumiers qu'il a pu recevoir au commencement du bail, laisser à la même époque, le tiers des terres en versaines, laisser le fermier entrant semer deux fois, sans indemnité, des prairies artificielles dans les récoltes de son prédécesseur. Obligation solidaire du mari et de la femme. Quelquefois, mais plus rarement, obligation pour le fermier, d'entretenir sur la ferme, un nombre déterminé de têtes de bétail.

Les contributions et les assurances, autres que celles des bâtiments, sont généralement à la charge du fermier.

La durée habituelle est de neuf ans, durée trop courte.

Les redevances, autres que celles en argent, sont assez souvent stipulées, mais sont presque toujours peu importantes. Ainsi, le bailleur stipule certains transports ou travaux, la livraison de grains, porcs, volailles, etc.

13. Quels sont les divers modes de payement du prix de location des terres par les fermiers? Ce payement se fait-il pour la totalité ou pour partie, soit en argent, soit en nature? Pour le payement en argent, le prix est-il fixé d'avance et reste-t-il invariable pendant toute la durée du bail, ou se règle-t-il d'après le cours des grains constaté par les mercuriales? Pour le payement en nature, quelles conditions spéciales sont imposées?

C'est habituellement en argent que le payement est stipulé aujourd'hui, rarement, en blé, orge, avoine, etc. Assez souvent, le prix est payable partie en argent, partie en nature. Pour le payement en argent, le prix est généralement fixé d'avance, et reste invariable pendant toute la durée du bail. Quelquefois, mais très-rarement, ce prix se règle d'après le cours des grains, constaté par le prix des mercuriales, au jour de l'échéance.

Pour le payement en nature, les conditions les plus habituellement stipulées sont les suivantes: les denrées seront transportées, par le fermier, au domicile du propriétaire; ces denrées devront être de bonne qualité, etc.

14. Quelles sont les clauses et conditions des contrats de métayage?

Il n'en existe pas.

§ 5. — CAPITAUX. — MOYENS DE CRÉDIT.

15. Quel est le montant du capital de première installation dans une exploitation d'une importance donnée, et quel est le montant du capital de roulement?

Le capital de première installation peut être évalué à 180 francs par hectare, en moyenne. Le capital de roulement étant très-variable, et généralement faible, il est impossible de le déterminer.

16. Ces capitaux suffisent-ils aux besoins de la culture, au perfectionnement des procédés agricoles et à l'amélioration des terres ?

Non.

17. Si les capitaux n'existent pas ou ne se trouvent pas en quantités suffisantes entre les mains de ceux qui possèdent les propriétés rurales ou qui les exploitent, comment ceux-ci peuvent-ils se les procurer ? Quelles facilités ou quels obstacles rencontrent-ils à cet égard ?

Ceux qui possèdent les propriétés rurales ou ceux qui les exploitent ne possèdent pas, en général, une quantité suffisante de capitaux, et ne se les procurent qu'à des conditions onéreuses, en grevant leurs immeubles d'hypothèques ou en payant un taux fort élevé.

Ils rencontrent de nombreux obstacles : les frais considérables d'expropriation ; les formalités compliquées et coûteuses de notre régime hypothécaire ; la concurrence de l'industrie privilégiée, au détriment de l'agriculture ; la concurrence des grands travaux effectués par l'État.

18. A quel taux l'argent qui leur est nécessaire leur est-il habituellement fourni ?

Chez le notaire, à 5 p. %, sur hypothèque, plus les frais, qui se montent à 5 p. % une fois payés ; ce qui élève le taux de l'emprunt à 8 p. %, si le terme est d'un an ; à 6 p. %, si le terme est de trois ans.

Chez d'autres capitalistes, à des taux plus ou moins usuraires.

19. Dans le cas où la situation actuelle du crédit agricole serait considérée comme défectueuse, par quels moyens et par quelles modifications à la législation existante serait-il possible de l'améliorer ?

La situation actuelle du Crédit agricole, peut être considérée comme défectueuse. Les institutions de crédit fondées jusqu'à ce jour, n'ont pas répondu à l'attente du cultivateur.

2

Mesures générales qui peuvent améliorer cette situation. Crédit, c'est confiance. Toutes les mesures, notamment celles indiquées sous les numéros 155, 156, etc., qui donneront libre carrière au progrès de l'agriculture, auront pour effet d'accroître la confiance que le cultivateur inspire au capitaliste.

Mesures spéciales. La loi ne peut fonder directement le crédit ; elle ne peut imposer au capitaliste une confiance qui, de la part de ce dernier, est un acte libre. Généralement, même, la défiance du capitaliste est un frein sage et utile ; elle détourne de l'emprunt le cultivateur qui ne serait pas en situation de rembourser, sur ses bénéfices, le capital et les intérêts. C'est aux deux contractants, éclairés par leur intérêt, que le législateur doit laisser le soin d'apprécier l'opportunité de l'emprunt. Il doit seulement supprimer les entraves qui arrêtent le développement naturel du crédit.

Ces entraves sont, notamment :

1° Les avantages légaux accordés aux valeurs mobilières et à l'industrie, avantages qui détournent les capitaux des placements agricoles.

2° Le droit de mutation perçu par l'enregistrement sur l'actif, sans déduction du passif. Ce mode de perception est de nature à empêcher le cultivateur d'avoir recours au crédit.

3° Les formalités hypothécaires, et surtout celles relatives à l'expropriation forcée. Ces formalités empêchent souvent le capitaliste de prêter, le cultivateur d'emprunter. Le capitaliste redoute d'interminables longueurs ; le cultivateur, les frais énormes, qui peuvent entraîner sa ruine.

20. Les emprunts faits par les propriétaires ou les exploitants du sol sont-ils consacrés exclusivement à l'amélioration des terres et au développement de la culture ?

Rarement. Les capitaux qui en proviennent sont, le plus souvent, employés à payer des dettes contractées dans les mauvaises années, et à acheter des terres.

21. Quelle est aujourd'hui, comparée à ce qu'elle était à d'autres époques, la situation hypothécaire de la propriété rurale ? Quelle est particulièrement cette situation pour le propriétaire exploitant et pour le propriétaire non exploitant ?

La situation hypothécaire de la propriété rurale s'est améliorée.

depuis dix ans. Sur les inscriptions formalisées annuellement à la conservation des hypothèques de Metz, deux tiers sont pris contre des industriels, et grèvent spécialement les propriétés bâties ; un tiers seulement grève la propriété rurale.

Le propriétaire exploitant préfère l'emprunt par billet à courte échéance à l'emprunt hypothécaire, qui devient plus lourd, par l'accomplissement des formalités coûteuses qu'il nécessite.

22. Quelle a été l'influence exercée sur l'emploi des capitaux et des épargnes agricoles par le développement qu'a pris la fortune mobilière, et par la création de valeurs de toute nature?

Les valeurs mobilières, échappant presque complétement à l'impôt, étant même fréquemment favorisées soit par des subventions de l'État, comme les chemins de fer, soit par des droits protecteurs établis à la frontière, comme les entreprises industrielles, ces valeurs mobilières peuvent assurer au capitaliste une rente élevée, et détournent, par conséquent, les capitaux des placements agricoles.

§ 6. — SALAIRES. — MAIN-D'OEUVRE.

23. Les salaires des ouvriers de la culture ont-ils augmenté, et dans quelle proportion?

Les chiffres qui représentent ces salaires évalués en argent, ont doublé depuis vingt années.

24. En a-t-il été de même des salaires des ouvriers et des domestiques autres que les domestiques employés pour la culture?

Les salaires des ouvriers et domestiques autres que ceux employés pour la culture, ont augmenté en moyenne de 50 p. %.

25. Quelles sont les causes de l'augmentation des salaires

L'insuffisance des ouvriers agricoles, attirés dans les villes par des salaires plus élevés.
L'augmentation des besoins.
La différence relative de la valeur de l'argent.

26. Le personnel agricole a-t-il diminué? Le nombre des

ouvriers ruraux est-il en rapport avec les besoins de la culture, ou est-il devenu insuffisant?

Le personnel agricole a diminué. Le nombre des ouvriers ruraux est devenu insuffisant pour les besoins de la culture.

Cette insuffisance peut s'évaluer à 25 p. %.

La diminution au même chiffre.

27. S'il y a insuffisance d'ouvriers agricoles, quelles en sont les causes?

La concurrence de l'industrie et de la fortune mobilière. Les grands travaux effectués par l'État et les villes. Les avantages offerts aux populations urbaines par diverses institutions, notamment par celles relatives à la bienfaisance. Le défrichement des bois dont l'exploitation offrait du travail aux ouvriers agricoles pendant la morte-saison.

28. Le mouvement d'émigration des populations rurales vers les villes et l'abandon du travail des champs pour le travail industriel se sont-ils produits dans des proportions sensibles?

Oui, dans des proportions très-sensibles.

29. En cas d'affirmative, quelle est la proportion, dans ce mouvement d'émigration, entre le nombre des hommes seuls, celui des ménages et celui des femmes ou des filles seules?

Le nombre des hommes seuls, des femmes et des filles seules, qui émigrent, est le plus considérable. Celui des ménages qui émigrent est moins considérable.

30. Les ouvriers qui émigrent des campagnes vers les villes sont-ils des terrassiers ou des ouvriers agricoles? Appartiennent-ils, au contraire, à des corps d'état tels que maçons, charpentiers, etc., ou à la classe des domestiques de maison?

Ce sont surtout des terrassiers et des ouvriers agricoles. Des ouvriers appartenant à des corps d'état émigrent aussi, mais ces ouvriers sont presque toujours en même temps des ouvriers agricoles, petits propriétaires s'occupant des travaux des champs, et, notamment, faisant tous les ans moisson.

Il faut y ajouter un grand nombre de soldats libérés du service militaire qui ne reviennent pas dans les campagnes.

31. Le manque de bras, là où il se fait sentir, provient-il uniquement de la diminution du nombre des ouvriers agricoles? Ne résulte-t-il pas, dans une certaine mesure, des progrès de l'agriculture, et, notamment, de l'extension donnée aux cultures industrielles dont les travaux sont plus multipliés et exigeraient, dès lors, un personnel plus considérable pour une même surface cultivée?

Ce manque de bras résulte surtout de l'émigration des campagnes.

32. L'insuffisance des ouvriers agricoles ne provient-elle pas aussi de ce qu'un certain nombre d'entre eux, devenus propriétaires, travaillent une partie du temps sur leur propriété et n'offrent plus leurs services ou les offrent moins à ceux qui les employaient autrefois?

Le nombre des petits propriétaires s'est augmenté, mais cette circonstance n'exerce que peu d'influence sur la situation actuelle, parce qu'ils travaillent presque tous pour les cultivateurs, qui, en retour, effectuent pour eux des cultures et des transports. Le manque de bras provient surtout de l'émigration des campagnes.

33. L'insuffisance ne peut-elle pas être attribuée en partie à ce que les familles seraient moins nombreuses aujourd'hui qu'autrefois?

Non.

34. Quelle a été l'influence exercée sur la diminution du personnel agricole, sur le taux des salaires et de la main-d'œuvre par l'emploi des machines dans l'agriculture? L'emploi de ces machines s'est-il déjà étendu dans la contrée et a-t-il une tendance à se vulgariser de plus en plus?

L'emploi des machines, à l'exception de celles à battre le grain, s'est peu répandu dans la contrée.

35. L'usage des machines à battre, particulièrement, n'a-t-il pas enlevé du travail aux ouvriers agricoles à une certaine époque de l'année, et ces ouvriers n'ont-ils pas dû exiger une augmentation de salaire pour les autres travaux? N'y a-t-il pas là aussi une cause d'émigration?

L'insuffisance des ouvriers agricoles a été l'un des principaux motifs qui ont déterminé l'adoption des machines à battre. L'adoption de ces machines n'a pu ensuite exercer aucune influence sur l'émigration.

36. La manière de moissonner n'a-t-elle pas subi des modifications et n'exige-t-elle pas un personnel moins nombreux que par le passé?

L'adoption de la faux dans quelques localités permet de récolter une plus grande quantité de paille. La faux abrège le travail, ce qui est un avantage pour le maître et pour l'ouvrier; toutefois ce temps gagné est consacré à la confection des meulettes dont la pratique tend à se généraliser.

37. La somme de travail obtenue des ouvriers agricoles est-elle plus ou moins considérable que par le passé?

La somme de travail manuel obtenue est moins considérable et surtout moins également fournie.

38. Les conditions d'existence de cette partie de la population se sont-elles améliorées? S'est-il produit des modifications favorables dans la manière dont elle est nourrie, dont elle est vêtue et logée? Son bien-être général s'est-il accru, et dans quelle mesure?

L'instruction primaire est-elle dirigée dans un sens favorable à l'agriculture, et quelle est son influence sur le choix des professions?

Les sociétés de secours mutuels sont-elles suffisamment répandues dans les campagnes?

L'assistance publique y est-elle convenablement organisée?

§ 1. Le bien-être matériel s'est accru dans une proportion considérable.

§ 2. *Instruction primaire.* — A l'École normale de Metz les élèves sont quelquefois conduits par les maîtres dans les fermes les mieux tenues, et vont visiter les travaux de drainage des environs. Tous les ans, le directeur distribue aux élèves des greffes, provenant des meilleures variétés d'arbres à fruits.

Plusieurs instituteurs de l'arrondissement donnent à leurs élèves des leçons élémentaires d'agriculture.

Cependant ces louables efforts étant isolés et l'enseignement agricole trop abstrait ne parviennent pas à généraliser les bonnes méthodes de culture.

Le choix des livres qui composent les bibliothèques communales peut exercer une influence assez considérable sur le développement du progrès. Lorsque ces livres émettent des théories inexactes ou hasardées, les cultivateurs qui viennent à les lire, conçoivent une dé-fiance invincible contre tout ce qui s'intitule : progrès agricole. Il serait à désirer que le programme officiel de ces livres fût déterminé par un comité d'agronomes praticiens, parmi lesquels on pourrait prendre les délégués cantonaux ; il serait nécessaire aussi que le programme des études fût modifié de manière à donner aux enfants une instruction plus spécialement agricole et à leur faire comprendre la haute mission sociale de l'agriculture.

§ 3. Non.

§ 4. Non ; toutes les institutions de charité sont dans les villes, ce qui augmente l'émigration des campagnes.

Il serait à désirer que les fonctions des médecins cantonaux fussent mieux déterminées.

59. S'est-il opéré des changements dans l'état moral des ouvriers de la campagne ? Leurs relations avec ceux qui les emploient sont-elles moins faciles qu'autrefois ? Quels sont les résultats et les causes des changements survenus sous ce rapport ?

Les ouvriers de la campagne rompent plus légèrement que le passé les engagements contractés envers les maîtres.

Leurs relations avec ceux qui les emploient sont beaucoup plus difficiles.

La cause, c'est la rareté des ouvriers ; la conséquence, c'est une difficulté plus grande à effectuer les améliorations agricoles et les travaux habituels des champs.

40. Y aurait-il avantage à étendre aux ouvriers agricoles les dispositions de la loi du 22 juin 1854 relative aux livrets ?

Oui, il y aurait avantage.

41. Le nombre des ouvriers nomades qui viennent se mettre à la disposition des cultivateurs pour les grands travaux de la moisson et de la vendange est-il plus ou moins considérable aujourd'hui que par le passé? Quelle influence les faits de cette nature exercent-ils sur la condition des ouvriers sédentaires et sur leurs rapports avec ceux qui les emploient?

Ce nombre n'ayant pas sensiblement varié, on ne peut constater l'influence exercée par des faits de cette nature.

§ 7. — Engrais. — Amendement des terres.

42. Quels sont les divers engrais ou amendements dont l'agriculture fait usage dans le pays?

Fumier de ferme, plâtre pour les trèfles ; quelquefois, chaux, poudrette, purin ; très-rarement, résidus de sels ammoniacaux, phosphate de chaux, guano, et autres engrais de commerce.

43. La production du fumier est-elle suffisante? Y a-t-il besoin d'y suppléer par l'achat d'engrais naturels ou artificiels?

La production du fumier est insuffisante. Les engrais naturels ne peuvent être achetés que dans des circonstances exceptionnelles ; le prix des engrais artificiels est généralement trop élevé; mieux vaut y suppléer par une production plus grande de fumier, résultant de l'augmentation du bétail.

44. Pour une étendue donnée de terres, combien a-t-on ordinairement de chevaux, d'animaux de race bovine, ovine, porcine, etc.? Ce nombre est-il ce qu'il devrait être eu égard à l'importance de l'exploitation? Est-il suffisant pour donner la quantité de fumier nécessaire? S'il ne l'est pas, quelles sont les circonstances qui s'opposent à ce qu'il atteigne la proportion voulue?

La Statistique agricole donne, pour l'arrondissement de Metz, une contenance totale de 162053 hectares.
Si l'on déduit de cette contenance totale 40615 hectares en bois, cultures arborescentes, étangs, superficies bâties et chemins, il

reste une contenance de 121438 hectares, représentant le domaine agricole proprement dit. Sur cette étendue, l'arrondissement entretient :

24516 chevaux,	soit	20 sur 100 hectares.
26745 bêtes bovines,	—	21	—
50179 moutons,	—	41	—
28654 porcs,	—	24	—
2166 chèvres,	—	2	—

Soit, en résumé, l'équivalent d'une demi-tête de gros bétail par hectare, si l'on considère le domaine agricole proprement dit, 121438 hectares; et d'un tiers de tête, pour la même superficie, si l'on considère la contenance totale de l'arrondissement, 162053 hectares. Ces chiffres n'ont pas dû varier.

La superficie des terrains consacrés aux cultures fourragères s'est, il est vrai, accrue de 20 p. % ou 2600 hectares environ, depuis la rédaction de la Statistique ; mais on peut estimer que, sur ces 20 p. %, 15 ont été employés à mieux nourrir le bétail, 5 à en augmenter le nombre, et que la sécheresse de 1865 a diminué de p. 5 %, environ, le nombre de têtes de bétail.

45. **Quels sont les frais que l'agriculture a à supporter pour l'achat d'engrais naturels ou artificiels ? Trouve-t-elle à cet égard des facilités et des garanties suffisantes ? Que pourrait-il être fait pour augmenter ces facilités et ces garanties ?**

Les frais faits par l'agriculture, pour achat d'engrais naturels ou artificiels, sont à peu près nuls. En dehors des fumiers provenant des chevaux de l'artillerie, on trouve peu d'engrais naturels à acheter dans l'arrondissement.

La poudrette, fabriquée à Metz, produit généralement des résultats utiles. Les autres engrais commerciaux sont d'un prix trop élevé. Il faudrait affranchir ces engrais des droits qui les grèvent encore en partie à l'entrée, et organiser, d'une manière plus complète, la répression des falsifications.

46. **Quelles dépenses l'agriculture de la contrée a-t-elle à faire face pour le chaulage, le marnage ou autres amendements des terres, et quelles difficultés peuvent s'opposer à ce qu'on**

se procure les matières les plus propres à améliorer la qualité du sol et à augmenter sa force de production?

Ces dépenses sont peu considérables et très-difficiles à évaluer, parce qu'elles varient suivant les localités, et n'ont, d'ailleurs, été faites que dans des exploitations exceptionnelles.

Les gisements de marnes agricoles sont généralement trop éloignés des terrains sur lesquels elles pourraient être utilement transportées, pour que les cultivateurs puissent retirer un bénéfice du marnage de leurs terres.

On n'emploie avantageusement le chaulage que dans certaines localités de l'arrondissement. La plus grande partie de la chaux fabriquée dans le pays renferme une quantité d'argile notable, et n'offre pas, pour l'amendement du sol, les excellentes qualités qu'elle possède pour la bâtisse.

§ 8. — AUTRES CHARGES DE LA CULTURE.

47. Quels sont les frais accessoires que supporte la culture pour la construction et l'entretien des bâtiments ruraux et leur assurance contre l'incendie? Comment ces frais se répartissent-ils entre les propriétaires des biens ruraux et ceux qui les exploitent?

Pour la construction des bâtiments ruraux, 400 francs, en moyenne, par hectare, en capital.

Pour l'entretien, 4 francs par hectare et par an.

Pour l'assurance contre l'incendie, 1 fr. 25 à 1 fr. 50 par mille francs.

Il est assez d'usage que le fermier paye l'intérêt, à 4 ou 5 p. %, des dépenses nécessitées par les constructions nouvelles, les drainages et autres améliorations effectuées par le propriétaire sur sa demande, et que, de plus, il fasse le transport des matériaux ; que les réparations locatives soient à la charge du fermier, les grosses réparations à la charge du propriétaire, les transports nécessités par ces grosses réparations à la charge du fermier. Souvent, le propriétaire paye l'assurance des bâtiments contre l'incendie, et oblige le fermier à assurer son risque locatif.

48. Quelles sont les charges qu'imposent aux cultivateurs

l'assurance de leurs récoltes contre l'incendie ou la grêle et l'assurance contre la mortalité des bestiaux?

Pour l'assurance des récoltes contre l'incendie, 1 fr. 25 à 1 fr. 50 par 1 000 francs de valeurs assurées.

Pour l'assurance des récoltes contre la grêle :

Céréales............	0ᶠ98 à 1ᶠ50	par 100 francs.
Colza............	1 19 à 3 »	—
Vignes..........	2 48 à 5 »	—
Houblons et tabacs,	3 60 à 10 »	—

Les assurances contre la mortalité des bestiaux sont très-rares dans l'arrondissement.

49. **Quels sont les frais d'achat et d'entretien du matériel agricole?**

Pour les frais d'achat du matériel agricole, c'est-à-dire des instruments aratoires, chariots, harnais, machines à battre, etc., 35 francs par hectare, en moyenne.

Pour les frais d'entretien, 10 p. %, soit 3 fr. 50 par hectare et par an.

50. **Quelles sont les autres charges qui incombent à l'agriculture?**

Les impôts de toute nature.

Voici l'indication sommaire des taxes principales perçues annuellement dans l'arrondissement :

Contribution foncière et centimes additionnels......	1 290 935ᶠ 34ᶜ
Taxe de mainmorte	35 436 16
Prestations.............................	215 000 »
Enregistrement, timbre, etc...................	1 968 770 93
Contributions indirectes....................	2 389 122 61
Total........	5 899 265 04

Il est impossible de déterminer avec quelque certitude, la part supportée par l'agriculture dans ces charges diverses. Cependant, les hypothèses suivantes paraissent vraisemblables, à raison des considérations présentées sous le numéro 156 :

Les trois quarts de la contribution foncière et de la taxe de main-
morte à la charge de l'agriculture 994 778f 62c
La totalité des prestations .... 215 000 »
Les trois quarts' des sommes perçues par le timbre et
l'enregistrement 1 476 578 20
La moitié des contributions indirectes 1 194 561 30

Total 3 880 918 12

Dans cette hypothèse, les charges supportées annuellement par l'agriculture de l'arrondissement s'élèveraient à 25 fr. 27 c. par hectare
(153 547 hectares appartenant aux particuliers, aux communes et établissements publics, déduction faite des chemins et des propriétés de
l'État).

Ne sont pas compris dans cette évaluation des charges de diverses
natures dont l'agriculture supporte une forte partie, telles que la cons-
cription, l'impôt des douanes, etc., les frais très-considérables nécessités par les formalités nombreuses et compliquées exigées par la loi.

Ces frais, n'étant pas payés au Trésor, ne constituent pas un impôt.
Ils doivent cependant, à raison de leur caractère obligatoire, être con-
sidérés comme des charges supportées par l'agriculture.

II. — Conditions spéciales de la production agricole.

§ 9. — Procédés de culture. — Assolements.

51. Quels sont, aujourd'hui, pour la grande, la moyenne et
la petite culture, les divers modes d'assolement, et particulièrement ceux qui sont le plus fréquemment suivis ?

C'est l'assolement triennal qui est le plus généralement suivi pour
la grande et la moyenne culture. Cet assolement est modifié par le
trèfle et les racines dans la sole jachère, et par le colza, qui remplace
en partie l'avoine ou l'orge. Dans certaines exploitations non morcelées, on adopte déjà des assolements différents, qui répondent mieux
aux progrès de l'agriculture et de l'alimentation populaire.

Généralement, la petite culture n'a point d'assolement fixe, elle ne
fait pas, ou presque pas, de jachères.

Les droits perçus sur les transactions consenties à des cultivateurs,
ne s'élèvent qu'à 505 209 francs ; mais ce chiffre ne représente qu'une
partie des droits d'enregistrement qui frappent la propriété rurale et
qui entravent, par conséquent, les placements et améliorations agricoles.

52. Quelles modifications ont été apportées, sous ce rapport, à l'ancien état de choses?

On fait moins de jachères, on sème plus de racines, et surtout plus de prairies artificielles et de colzas.

53. Quelle est l'étendue des terres affectées à chaque culture? La proportion qui existe entre les différentes cultures est-elle motivée par la nature du sol et par la qualité des terres, ou est-elle déterminée par les facilités qu'offre le placement de certains produits? Doit-elle être considérée comme étant la plus profitable au producteur, et si elle n'est pas ce qu'elle devrait être, quelles sont les circonstances qui mettent obstacle à ce qu'elle soit modifiée?

Céréales..................	60904ʰ	soit 37ᶠ 50 p. %.	
Racines et légumes divers.....	10517	— 6 40	—
Cultures diverses	6835	— 4 25	—
Prairies artificielles..........	10927	— 6 75	—
Jachères..................	13206	— 8 15	—
Prairies naturelles..........	13816	— 8 52	—
Vignes	4001	— 2 47	—
Cultures arborescentes.......	1584	— 0 86	—
Pâturages, terres incultes......	1434	— 0 88	—
Bois	25266	— 15 60	—
Propriétés bâties, etc........	13965	— 8 62	—
	162053	100 »	

d'après la Statistique agricole publiée en 1860.

Mais depuis la rédaction de cette Statistique, l'étendue des cultures diverses s'est accrue dans la proportion de 1 p. %, environ, de la surface totale de l'arrondissement; l'étendue des prairies artificielles, dans la proportion de 1 1/2 p. % de la même surface. Par contre, l'étendue des jachères a diminué de 1 p. %; celle indiquée pour les bois[1] doit être réduite de 1 1/2 p. %, environ.

Le manque de bras, de capitaux et, dans un grand nombre d'exploitations, le morcellement et les enclaves qui en résultent, s'opposent à l'adoption d'un assolement meilleur, notamment à l'extension des luzernières et de la culture des racines.

[1] Voir les numéros 1 et 56.

54. Quels ont été, depuis un certain nombre d'années, en remontant à trente au moins, les progrès accomplis et les améliorations réalisées dans la culture du sol?

On entretient plus de bétail, par conséquent on produit plus d'engrais. On s'est livré à la culture des plantes industrielles, on a étendu celle des prairies artificielles; on a fait du drainage. Les machines à battre et un grand nombre d'instruments aratoires perfectionnés ont été adoptés.

Dans quelques exploitations, seulement, on emploie les butoirs, les scarificateurs, les houes et les râteaux à cheval.

Des soins plus intelligents sont donnés à la culture.

55. Dans quelle mesure les divers procédés agricoles se sont-ils perfectionnés?

Dans la mesure indiquée sous le numéro précédent.

De plus, la production brute a été augmentée environ d'un tiers; mais les frais se sont accrus dans la proportion de 80 à 100 p. %.

§ 10. — Défrichements.

56. Quelle a été l'importance des travaux de défrichement opérés dans la contrée, et quel en a été le résultat?

Les défrichements effectués dans l'arrondissement ont été considérables : 1 390 hectares ont été défrichés depuis dix ans. Ces défrichements ont nui à l'agriculture, parce que les terrains défrichés demandent des bras, des capitaux et des engrais, et que les bras, les capitaux et les engrais sont déjà trop rares. Les bois défrichés n'occupent plus les ouvriers pendant le chômage de l'hiver ce qui est une cause d'émigration.

Le bois, objet indispensable à l'agriculture, devient plus rare et plus cher. Souvent, ces terres défrichées restent stériles ou incultes; et, si le terrain est en pente, la terre végétale disparaît peu à peu, les sources se perdent, les inondations sont plus fréquentes et plus dangereuses. On défriche trop.

57. Quelle est l'étendue des landes et autres terres incultes?

On peut évaluer aujourd'hui à 1 200 hectares environ l'étendue des terrains vagues et improductifs de l'arrondissement de Metz. Ces terrains couronnent, pour la plupart, en amont de Metz, les collines calcaires qui déterminent et resserrent la vallée de la Moselle. Ils étaient autrefois couverts de bois, on n'en saurait douter, et la tradition et les pieds terriers en font foi.

Possédés, en général, par des communes, ils ont été, par suite d'abus de jouissance ou d'exploitations imprudentes, successivement transformés en de maigres pâturages. Le sol, souvent rocailleux, est toujours superficiel et se couvre, au printemps, d'une herbe rare, que brûlent bientôt les premières chaleurs de l'été, et les troupeaux ne trouvent plus même, dans ces landes désolées, l'ombre et l'abri qui leur sont nécessaires.

58. Quelles sont les causes qui se sont opposées, jusqu'à présent, à ce qu'elles aient été mises en valeur?

Le manque de bras et de capitaux, et la circonstance indiquée sous le numéro précédent.

On ne saurait songer à employer à la culture des céréales des terrains aussi appauvris et desséchés. Le reboisement seul est capable de les remettre en valeur, et l'on a déjà fait, dans l'arrondissement, une fort heureuse application de la loi du 28 juillet 1860, sur le reboisement des montagnes. Les efforts des agents de l'administration des forêts, secondés, d'ailleurs, par les larges subventions de l'État et du Conseil général, ont déjà porté d'excellents fruits. Des reboisements en essences résineuses et, surtout, en pins noirs d'Autriche, s'étendent aujourd'hui à plus de 120 hectares de terrains improductifs.

§ 11. — Dessèchements.

59. Quelle a été l'étendue des dessèchements opérés dans la contrée depuis les trente dernières années, et quel en a été le résultat?

Il n'existe point une quantité appréciable de marais dans l'arrondissement.

60. Quels obstacles la législation pourrait-elle opposer à ce qu'ils prissent plus de développement?

Néant, par le motif indiqué sous le numéro 59.

§ 12. — Drainage.

61. Quelle est, dans la contrée, l'étendue des terres auxquelles le drainage pourrait être utilement appliqué?

Un huitième environ de la surface totale des terres labourables, prairies naturelles et vignes.

62. Quel a été, jusqu'à présent, le développement donné à cette pratique agricole? Quels en ont été les résultats?

§ 1. Depuis longtemps on a effectué quelques drainages en pierres. Dans quelques localités, l'effet de ce drainage subsiste depuis des siècles; depuis douze années environ, on draine avec des tuyaux. Les drainages, soit en pierres, soit en tuyaux, soit en fascines, soit en fascines et pierres combinées, ont été effectués sur 2 000 hectares environ dans l'arrondissement.

§ 2. Les résultats sont excellents, lorsque la terre avait besoin d'être drainée et que le drainage a été fait d'une manière intelligente.

63. Quelles sont les circonstances qui ont pu s'opposer à ce qu'elle prît plus d'extension?

Le morcellement de la propriété, les baux trop courts, le manque de capitaux et d'ouvriers agricoles.

§ 13. — Irrigations.

64. Quel est l'état des irrigations de la contrée? Sont-elles naturelles ou artificielles?

Très-peu nombreuses, le plus souvent elles sont naturelles.

65. Les irrigations naturelles par débordements ont-elles diminué ou augmenté?

Elles ont diminué depuis les curages effectués, notamment sur les deux Nied et sur la Seille, et aussi en ce qui concerne cette dernière rivière, par suite de l'abaissement du radier.

66. Quels sont les obstacles qui ont pu s'opposer à l'extension de la pratique des irrigations dans les terres où elle serait utile?

Le manque de bras et de capitaux, le silence de la loi sur les droits respectifs des propriétaires riverains et des usiniers, le morcellement de la propriété, la vaine pâture, la préférence généralement accordée aux usiniers, et qui n'a plus sa raison d'être depuis que la force motrice est devenue moins rare et que le prix des fourrages a considérablement augmenté.

67. Quelle influence favorable ou contraire le régime actuel peut-il exercer sur le progrès des irrigations?

Le curage supprime, en grande partie, les inondations pendant la belle saison, par conséquent facilite l'enlèvement des récoltes, et améliore l'état sanitaire du pays. Les herbages gagnent en qualité; par contre, la quantité a diminué; il faudrait établir des barrages mobiles, afin de provoquer des débordements en temps opportun et de réunir les bienfaits de l'inondation et du colmatage, à ceux procurés par le curage dans un certain nombre de localités.

§ 14. — PRAIRIES ET CULTURES FOURRAGÈRES.

68. Quelle est, dans la contrée, l'étendue relative des prairies naturelles?

13 816 hectares.

69. Quel est le rendement moyen en fourrages des prairies naturelles? Quel est le prix de vente de ces fourrages depuis dix ans?

Le rendement moyen est de 35 quintaux à l'hectare.
Le prix moyen, de 6 francs le quintal.

70. Quelle est l'étendue relative des terres cultivées en prairies artificielles?

13 500 hectares environ.
Au chiffre donné par la Statistique, 10 907 hectares, il faut ajouter 1 1/2 p. %, environ, de la surface totale de l'arrondissement, à

raison de l'extension notable que la culture de ces prairies a reçue depuis plusieurs années.

71. Quels sont les frais de culture de ces prairies pour une étendue donnée en mesure locale et ramenée à l'hectare ?

95 francs, en moyenne, par hectare et par an, savoir : 30 francs pour la semence et l'ensemencement ; 65 francs pour fauchage, fanage, rentrée, etc. ; 60 francs pour les prairies naturelles.

72. Cultive-t-on dans la contrée d'autres plantes destinées à la nourriture des animaux, telles que choux, betteraves, navets, carottes, etc. ?

Quelle est l'étendue relative des terres employées à ces cultures ? Quels sont leur rendement moyen et les frais qui leur incombent ?

Oui.

Étendue des terres employées à ces cultures. — Betteraves : 1 200 hectares environ,

L'étendue indiquée par la Statistique a dû augmenter de 300 hectares environ.

Carottes, choux, navets, environ 100 hectares.

Le chiffre indiqué par la Statistique doit être diminué, parce qu'il comprend les carottes, choux et navets cultivés pour l'alimentation des hommes.

Rendement moyen : Betteraves, 260 quintaux à l'hectare ; choux, navets et carottes, 200 quintaux.

Frais de culture : Betteraves, 195 francs ; carottes, choux et navets, 90 francs.

73. A-t-il été donné depuis un certain nombre d'années un développement sensible aux cultures fourragères et dans quelle proportion ?

Oui, dans la proportion indiquée sous le numéro 70.

74. Quel est le rendement moyen des terres cultivées en plantes fourragères des diverses espèces, trèfle, luzerne, sainfoin, betteraves, choux, etc., etc. ?

Trèfles	4 000 kilos.
Luzerne	5 500 —
Sainfoin	2 500 —
Betteraves	26 000 —
Choux, carottes et navets	20 000 —

75. Quel est le prix de vente de ces divers produits?

Trèfles, luzernes et sainfoin	44 fr. » les 1000 kilos.
Betteraves	17 fr. » —
Choux	33 fr. 50 —
Carottes	16 fr. » —
Navets	12 fr. » —

§ 15. — Animaux.

76. Quels sont, pour les animaux de chaque sorte : chevaux, mulets, ânes, bœufs, vaches, veaux, moutons, porcs, les frais de toute nature que le cultivateur a à supporter pour dépenses d'achat, d'élevage, de nourriture, d'entretien, d'engraissement, etc.? A quels prix les animaux de chaque espèce lui reviennent-ils et à quels prix se vendent-ils?

Cheval. — Un cheval arrivé à l'âge de trente mois coûte, en moyenne, à l'éleveur, dans l'arrondissement, 450 francs. De trente mois à cinq ans, son travail et son fumier réunis, payent sa nourriture. Généralement le cultivateur n'élève des chevaux que pour son usage, et ne les vend que lorsqu'ils sont en partie usés, par conséquent, presque toujours à un prix inférieur au prix de revient et d'achat. A cinq ans, un cheval se vend en moyenne 500 francs. L'entretien annuel d'un cheval de ferme est de 500 francs environ.

Mulet. — On n'élève pas de mulet.

Ane. — L'âne coûte à élever jusqu'à deux ans 100 francs environ. A cet âge, on le vend à peu près ce qu'il coûte d'élevage. Ce prix s'est élevé depuis que les laitiers emploient les ânes au transport du lait.

Bœuf. — On élève très-peu de bœufs. Un bœuf maigre coûte 300 fr.; sa nourriture, pour cinq mois d'engraissement, coûte 250 francs ; total, 550 francs. On le vend à peu près ce même prix. Le fumier représente le bénéfice de l'engraisseur.

VACHE. — L'élevage jusqu'au premier vêlage, deux ans et demi environ, coûte 220 francs environ. Une vache maigre vaut 220 francs environ. Grasse, 380 francs environ. Une vache à lait de moyenne qualité vaut, à quatre ans, 300 francs environ.

VEAU. — Un veau se vend, à un mois, 35 francs. Élevé jusqu'à six mois, il coûte 90 francs environ. Gras, à trois mois, il se vend 110 francs environ.

MOUTON. — Un mouton, à vingt-huit mois, coûte 30 francs. Il a fourni, à cet âge, 12 francs de laine, et se vend alors 20 francs.

PORC. — Un porc, à deux mois, coûte 9 francs ; à quinze ou dix-huit mois, maigre, 40 francs. Engraissement de trois mois, 50 francs. Vente, gras, de vingt mois, 100 à 110 francs.

77. Y a-t-il amélioration dans la quantité et la qualité des animaux ? Quels changements se sont opérés à cet égard depuis trente ans, soit par le choix des races, soit par leur perfectionnement, soit par de meilleurs procédés d'élevage et d'engraissement ?

Oui, les races se sont généralement améliorées par suite de l'introduction de bons reproducteurs et d'une meilleure alimentation, mais cette amélioration est encore trop restreinte.

78. Quelles facilités nouvelles l'extension des cultures fourragères, sur les points où elle a été constatée, a-t-elle procurées pour l'élevage du bétail et la production des engrais ?

Achète-t-on pour les animaux des aliments non fournis par l'exploitation ?

L'extension des cultures fourragères a procuré l'avantage de mieux nourrir le bétail et d'augmenter la quantité du fumier.

Quelquefois, mais rarement, on donne aux bestiaux des tourteaux achetés en dehors de l'exploitation.

79. Existe-t-il un écart trop élevé entre le prix du bétail sur pied et celui de la viande au détail ? A quelles causes doit-on attribuer cet écart ?

Le prix de la viande sur pied est plus élevé que celui de la viande en détail. Malgré cet écart, un bénéfice considérable reste encore au

boucher, qui ne paye comme viande sur pied, ni le cuir, ni de nombreuses dépouilles.

80. Quel parti les cultivateurs tirent-ils des autres produits provenant des animaux de la ferme, tels que les laines, le beurre, le lait, les fromages, etc.?

Dans l'arrondissement on n'élève plus autant de moutons; les petits propriétaires emploient la laine à l'usage de leur famille, les cultivateurs la vendent au prix de 4 francs le kilogramme, soit environ 6 francs annuellement par mouton; le beurre à raison de 1 fr. 80 cent. le kilogramme; le lait à raison de 8 centimes le litre; le fromage à raison de 60 centimes le kilogramme.

81. Quelles ressources les cultivateurs trouvent-ils dans l'élevage de la volaille?

De faibles ressources pour la grande culture; des ressources assez importantes pour la petite culture.

§ 16. — Céréales.

82. Quelle est, dans la contrée, l'étendue des terres cultivées en céréales des diverses espèces?

En froment?
En méteil?
En seigle?
En orge?
En maïs?
En sarrasin?
En avoine?

Froment.................... 33206 hectares.
Méteil..................... 153 —
Seigle..................... 1200 —
Orge....................... 6276 —
Maïs. Très-petite quantité dont une partie cultivée cette année pour fourrage; la superficie totale ne doit pas dépasser 6 hectares.
Avoine..................... 18000 hectares.
Le chiffre donné par la Statistique, en ce qui concerne l'avoine, a

dû diminuer par suite de la substitution d'autres plantes et notamment du colza,

Les chiffres donnés par la Statistique pour le froment, le méteil, le seigle et l'orge n'ont pas dû varier.

83. **Quels sont, pour chacune de ces céréales, les frais de culture d'un hectare de terre, ou de la mesure employée dans la localité et dont le rapport avec l'hectare sera indiqué ?**

Pour le blé . . . . 196 fr. par hectare.
Méteil . . . . 196 fr. —
Seigle . . . . 141 fr. —
Orge . . . . 147 fr. —
Avoine . . . . 112 fr. —
Maïs. Culture à peu près nulle, frais très-variables et difficiles à déterminer.
Sarrazin. N'est pas cultivé,

(Non compris la dépense d'engrais, de location, et autres frais généraux.)

84. **Quel est le détail de ces différents frais :**
    Pour les labours ?
    Pour le hersage ?
    Pour le roulage ?
    Pour le coût des semences ?
    Pour le prix de l'ensemencement ?
    Pour les façons d'entretien ?
    Pour la moisson ?
    Pour la rentrée des grains ?
    Pour le battage, nettoyage, etc.

DÉTAIL DES CULTURES.	BLÉ.	MÉTEIL.	SEIGLE.	ORGE.	AVOINE.
Labour et hersage[1]	80f	80f	40f	60f	30f
Roulage	5	5	»	5	5
Coût des semences	50	45	40	30	25
Prix de l'ensemencement.....	2	2	2	2	2
Façons d'entretien...........	2	2	2	»	»
Moisson....................	22	22	22	15	15
Rentrée des grains	10	10	10	10	10
Battage, nettoyage, etc.......	25	25	25	25	25
	196	196	141	147	112

(Fumier et frais généraux non compris.)

85. Quel est le rendement par hectare pour chacune de ces espèces de céréales depuis dix ans ?

Blé.........	Grains.	16h	Paille.	21q 50
Méteil.......	—	16 50	—	22 40
Seigle.......	—	16	—	24
Orge........	—	24	—	14
Avoine.......	—	23	—	13

86. La production des céréales de chaque espèce a-t-elle augmenté dans une proportion sensible depuis trente ans ? S'il y a eu augmentation, à quelles causes doit-elle être particulièrement attribuée ? L'importation d'espèces nouvelles de céréales donnant un rendement plus considérable a-t-elle contribué dans une mesure un peu importante aux progrès de la production ?

La production des céréales a augmenté, depuis trente ans, dans la proportion de 5 p. % environ. Cette augmentation doit être attribuée à la perfection plus grande des cultures, à l'adoption de bons instruments

[1] Lorsque celui qui exploite, c'est-à-dire généralement le petit propriétaire qui n'a point d'attelage, fait cultiver son champ, il ne paye qu'un seul et même prix pour le labour et le hersage.

aratoires, à l'entretien d'un bétail plus nombreux, aux drainages et au perfectionnement des voies de communication.

Dans certaines années, les variétés de céréales nouvellement importées ont donné un rendement plus considérable que celles du pays, mais fréquemment aussi ces variétés ont manqué, notamment par l'effet des gelées, et elles sont généralement abandonnées aujourd'hui.

87. Quels ont été les prix de vente des diverses espèces de céréales et les variations que ces prix ont pu subir depuis dix ans ?

Tableau indicatif du prix moyen annuel des produits vendus sur les marchés de la ville de Metz pendant une période de dix années, de 1856 à 1865. Sont compris, en outre, les huit premiers mois de l'année 1866.

Céréales (à l'hectolitre).

ANNÉES.	FROMENT.	SEIGLE.	ORGE.	AVOINE.
1856	29ᶠ 43ᶜ	15ᶠ 54ᶜ	15ᶠ 21ᶜ	6ᶠ 60ᶜ
1857	21 55	10 48	11 99	7 93
1858	15 22	11 85	10 29	8 12
1859	15 76	10 28	10 62	7 45
1860	19 61	12 97	12 74	7 73
1861	25 46	14 71	12 86	7 26
1862	22 93	13 70	12 60	7 50
1863	19 09	11 53	9 95	6 26
1864	17 04	10 24	9 75	6 90
1865	16 07	10 »	9 60	7 66
1866	18 60	11 57	13 »	8 63

88. L'emploi des épargnes du cultivateur à la formation de petites réserves de grains est-il aussi fréquent que par le passé ?

Non.

89. La qualité des différentes sortes de céréales s'est-elle améliorée par suite d'une culture plus soignée ? Le poids d'une mesure déterminée de grains de chaque espèce s'est-il accru depuis trente ans, et dans quelles proportions ?

Il n'y a pas eu amélioration dans la qualité des céréales, les variations qui ont pu être remarquées dans cette qualité ne peuvent être attribuées qu'à l'influence des températures diverses de chaque année; il n'y a pas eu dans le poids des grains de changement appréciable que l'on puisse attribuer à une autre cause.

On a cependant observé que chez les cultivateurs qui font des meulettes, le blé pèse 1 à 2 kilogrammes de plus par hectolitre. Cette augmentation compense la diminution causée par l'abandon partiel de la jachère morte.

90. Quel parti les cultivateurs tirent-ils de leurs pailles? Quelle est la portion qu'ils utilisent dans leur exploitation et celles qu'ils peuvent livrer à la vente?

Les cultivateurs emploient généralement leurs pailles à la litière ou à la nourriture de leur bétail; la moitié, au moins, des cultivateurs, ne vendent pas de pailles.

Chez les cultivateurs qui en vendent, on peut estimer à 90 p. % la portion de ces pailles qu'ils utilisent dans leur exploitation, et à 10 p. % celles qu'ils livrent à la vente.

§ 17. — CULTURES ALIMENTAIRES AUTRES QUE LES CÉRÉALES PROPREMENT DITES.

91. Quelle est, dans la contrée, l'étendue des terres cultivées en plantes alimentaires autres que les céréales proprement dites?
En pommes de terre?
En légumes secs?
En légumes frais?

En pommes de terre	6782 hectares.
Légumes secs	2100 —
Légumes frais	557 —

92. Quels sont, pour chacun de ces produits, les frais de culture d'un hectare ou d'une mesure de terre déterminée et ramenée à l'hectare?

Quel est le détail des différents frais pour chaque nature de produits?

PAR HECTARE.   EN MOYENNE.

Pommes de terre.... Labour, 40 fr. Plantation, 30 fr. Semences,
                 45 fr. Deux piochages et un butage, 60 fr.
                 Récolte, 30 fr. — Total..... 215 fr.
Légumes secs...... Labour, 40 fr. Roulage, 5 fr. Semences, 45 fr.
                 Ensemencement, 2 fr. Frais d'entretien,
                 2 fr. Moisson, 20 fr. Rentrée des grains,
                 10 fr. Battage, nettoyage, etc., 25 fr. —
                 Total.................... 149 fr.
Légumes frais...... Labour et hersage, 40 fr. Roulage, 5 fr.
                 Semences, 45 fr. Ensemencement et soins
                 divers, 4 fr. Binage, 24 fr. Cueillette,
                 50 fr. — Total............. 168 fr.

La culture des légumes frais n'est guère adoptée que par la culture maraîchère. La grande culture n'en produit que dans des circonstances exceptionnelles.

93. Quel est le rendement de chaque produit? Quelles sont les variations que ce rendement a pu éprouver depuis dix ans?

Pommes de terre.............. 150 hectolitres.

(Abstraction faite de la maladie des pommes de terre, soit 120 hectolitres de pommes de terre saines par hectare.)

Légumes secs. { Lentilles..... 10 hectolitres à l'hectare.
{ Pois........ 16   —   —

Légumes frais. Le rendement est très-variable et difficile à apprécier : il n'a pas sensiblement augmenté.

94. Quels sont les prix de vente de chaque produit et les changements que ces prix ont pu subir aussi depuis dix ans?

Pommes de terre............ 3 fr. l'hectolitre[1].
Légumes secs.............. 18 fr.   —

95. Leur production a-t-elle varié d'importance, et pour quelles causes?

[1] Prix moyen de pommes de terre sur les lieux de production.

Le prix indiqué par la mercuriale est plus élevé, mais il convient d'observer que les pommes de terre vendues sur le marché de Metz, appartiennent aux espèces les meilleures et les moins productives.

Oui, par suite de la facilité des communications, des expéditions sur la Belgique, la Hollande, sur Paris et autres centres de population et des fabriques qui se sont établies depuis douze ou quinze années dans le département.

§ 18. — CULTURES INDUSTRIELLES.

96. Quelle est l'étendue des terrains cultivés en plantes industrielles de toute nature?

En betteraves?

En graines oléagineuses, colza, navette, œillette, cameline et autres?

En plantes textiles, chanvre, lin, etc. ?

En tabac?

En houblon ?

En plantes tinctoriales, garance, safran, etc. ?

> Betteraves.................. 1 200 hectares.
> Graines oléagineuses.......... 4 800   —
> L'étendue indiquée par la Statistique s'est accrue dans une proportion assez notable.
> Plantes textiles...... 771 hectares.
> Tabacs (en 1866)..... 241 hectares 62 ares 41 centiares.
> Houblon........... 10 hectares, environ.
> Plantes tinctoriales, etc. Néant.

97. Quels sont, pour chacun de ces produits, les frais de culture par hectare ou par mesure locale ramenée à l'hectare?

Quel est le détail des différents frais pour chaque nature de produits ?

BETTERAVES.		COLZA.	
Labour et hersage........	70ᶠ	....	90ᶠ
Roulage..............	5	....	»
Semences.............	10 }	....	3
Ensemencement........	10 }		
3 binages.............	60 {	2 binages............	40
	{	Repiquage............	15
Arrachage............	40	Sciage..............	20
		Battage.............	40
		Rentrée des pailles......	10
	195		218

PLANTES TEXTILES.

CHANVRE.	(4 fr. par 1 000 kilos.)		LIN.	
Labour d'automne profond à la bêche.............	60ᶠ	Labour à la charrue		30ᶠ
Labour de printemps	»	....		30
Hersage...............	5	....		5
Roulage	5	....		5
4 hectol. semences, à 14ᶠ..	56	2 hect. 1/2 semences à 28ᶠ		70
Ensemencement.........	2	....		2
Sarclage.............	16	....		16
Arrachage, façon des gerbes.	40	Arrachage, agrenage, bottelage		50
Rouissage, séchage, etc...	40	....		60
Treillage et broyage	120	Préparation de la filasse ..		240'
Emballage.............	20			
	364			508

TABAC.

Moyenne des frais de culture d'un hectare de tabac 811ᶠ17ᶜ

Détail des frais. (Grande culture.)

Location et impôts...................................	110ᶠ
Fumier, 60 voitures à 8 francs (4 80) partie à la charge du tabac	300
Trois labours et hersages............................	90
Replants 45 000, à 2 francs l'un	90
Transplantation	30
Arrosages...	25
Premier sarclage....................................	30
Butage	30
Pincement et ébourgeonnement	45
Frais d'entretien....................................	25
Récolte	120
Transport au séchoir et mise à la pente................	120
A reporter.................	1015

'Ces frais sont considérablement diminués par la préparation mécanique, dont l'usage commence à s'introduire dans la contrée.

Report...............	1015ᶠ
Feuille...	10
Massage..	20
Manoquage et mise en balles........................	75
Intérêts du séchoir, 5 000 fr. à 7 p. %.............	350
Transport au magasin...............................	20
Total pour la grande culture....	1 490

Ces frais de la grande culture dépassent la moyenne (811 fr. 17 c.) de 678 fr. 83 cent., parce que la culture du tabac n'est généralement pratiquée que par les petits propriétaires qui cultivent à temps perdu, ou font cultiver par leurs enfants de petites superficies de tabac, et font sécher ce tabac dans leur chambre ou leur grenier, ce qui diminue notablement les frais de culture. Aussi le tabac cultivé en grande culture ne donne un bénéfice au planteur que dans des circonstances exceptionnelles.

HOUBLON.

Culture proprement dite : tailler, bêcher, planter les perches, nombreux binages, nettoyer, ébourgeonner, relever les perches, cueillir, etc....................................	500ᶠ
Fumiers, amendements, achats de perches, etc............	550

98. Quel est le rendement de chaque produit et les variations que ce rendement a pu éprouver depuis dix ans ?

Rendements par hectare.

Betteraves........	26 000 kilos ..		Sans variation sensible.
Graines oléagineuses	15 hectolitres .		—
Chanvre. Graine ...	11 —	Filasse 3 quint.	—
Lin .... Graine ...	10 —	Filasse 3 — 50	—
Tabacs..........	De 1855 à 1859, résultats sans importance.		
	A partir de 1859, le rendement en poids, qui était, pour cette année, de 1 283 kilogrammes par hectare, s'est élevé progressivement jusqu'à 1 872 kilogrammes, chiffre obtenu en 1865.		
Houblon.........	500 à 800 kilos. — Sur cette culture encore peu répandue on ne peut avoir de données bien certaines.		

99. La production de chacune de ces cultures industrielles s'est-elle développée ou s'est-elle amoindrie ? A quelles causes doit-on attribuer l'augmentation ou la diminution ?

CAUSES.

La culture des betteraves s'est accrue de 300 hectares environ, depuis 1852...............{ Alimentation plus abondante donnée au bétail.

Graines oléagineuses. De 1 000 hectares environ. Exportation.

Chanvre et lin...... Néant .... Néant.

Tabacs .... De 241ʰ 62ᵃ 41ᶜ ....{ Autorisation de le cultiver.

Houblon .... De 8 hectares environ....{ Fabrication d'une quantité de bière plus considérable.

100. Quels sont les prix de vente de chaque produit et les variations que ces prix ont pu subir depuis dix ans ?

Betteraves............. 17 fr. les 1 000 kilos.

Graines oléagineuses. Colza. En 1866, 28 fr. l'hectolitre. — Le prix moyen de vente peut être évalué à 25 fr. — Les variations que les prix de vente ont subi depuis dix ans sont considérables, l'exportation a élevé ces prix.

Chanvre. Graine........ 14 fr. l'hectolitre, sans variation sensible.

Filasse........ 200 fr. les 100 kilos ; en 1866, 220 fr. (prix moyen de vente), sans variation sensible.

Lin .... Graine........ 28 fr. l'hectolitre, sans variation sensible.

Filasse .... 240 fr. le quintal ; en 1866, 260 fr. (prix moyen de vente), sans variation sensible.

Tabac................. 68 fr. 64 c. les 100 kilos. — Le rendement en argent par hectare était, en 1859, de 878 fr. 32 c. Il s'est élevé, en 1865, à 1 182 fr. 35 c.

Houblon .... Prix très-variables, de 75 à 150 francs les 52 kilos.

§ 19. — Sucres indigènes et alcools.

101. Quelle est l'importance de la fabrication des sucres indigènes dans la contrée?

Nulle.

Deux sucreries existaient, il y a quelques années, dans la Moselle : une à Ennery et une à Basse-Yutz ; elles n'ont pu se soutenir, et elles ont été converties en distilleries.

102. La production des alcools y joue-t-elle un rôle considérable?

Assez considérable.

Il existe dans le département de la Moselle quatre distilleries industrielles, qui opèrent sur des betteraves et sur des pommes de terre, et 273 distilleries agricoles, qui mettent en œuvre des grains, orge, seigle, des betteraves, et surtout des pommes de terre.

De plus, il existe dans le département environ 2600 bouilleurs de cru, qui distillent des marcs de raisins et des fruits à noyaux provenant de leurs récoltes.

103. Quels ont été les progrès réalisés dans ces deux industries?

Les appareils des grands producteurs d'alcool se sont perfectionnés. La production a notablement augmenté depuis 1856.

Les distilleries proprement dites du département n'avaient fabriqué, en 1856, que 2836 hectolitres ; elles ont fabriqué 6177 hectolitres, en 1865.

Les quantités d'alcool fabriquées par les distilleries industrielles et agricoles de l'arrondissement de Metz, se sont élevées :

En 1856, à................ 1453 hectolitres.
En 1865, à................ 2026   —

§ 20. — Vignes.

104. Quelle est, dans la contrée, l'étendue des terres cultivées en vignes?

La culture de la vigne y a-t-elle reçu de l'extension depuis dix ans?

4 001 hectares. Ce chiffre, donné par la Statistique agricole publiée en 1860, doit être conservé; la culture de la vigne n'a reçu, depuis dix ans, ni extension ni diminution sensible.

105. Quelles sont les modifications qui ont pu être apportées depuis trente ans à cette culture?

Quelles sont les causes de ces modifications?

Les frais de culture ont doublé. On a généralement défoncé le sol et renouvelé la vigne. On a essayé, dans quelques localités, l'échalassement en fil de fer, on y a renoncé.

Un certain nombre de propriétaires de vignes essayent aujourd'hui les systèmes Guyot et Trouillet.

Les souches de la vigne étaient vieilles; pour obtenir un rendement plus élevé on les a arrachées; de là le défoncement du sol, le renouvellement de la vigne, le changement de cépages dont il va être parlé.

106. Quelles sont les principales espèces cultivées et quelle est la nature et la qualité des vins récoltés?

Raisin rouge.

1re Catégorie. — *Grosses espèces.* — Gamet ou Grosse race, appelé aussi Hérissé de Bourgogne; Liverdun.

Une variété spéciale appelée Gouais, Gros bec, Noir de Lorraine.

2e Catégorie. — *Moyennes espèces.* — Enfariné ou Blanche feuille.

3e Catégorie. — *Petites espèces.* — Vert noir ou Pineau de Bourgogne; Pineau de Rethel ou de Sierck; Franc noir; Petit noir ou Morillon; Auxerrois ou Pineau gris.

Raisin blanc.

1re Catégorie. — *Grosse race.* — Hemme jaune; Hemme blanche; Verte; Rose.

2e Catégorie. — *Petite race.* — Auxerrois; Blanc ou Pineau blanc de Bourgogne.

Les grosses races donnent une quantité considérable d'un vin de qualité inférieure, chargé en couleur, souvent acide.

Les petites races, un vin dont la qualité est excellente, mais dont la quantité peu considérable ne peut pas suffire aux besoins de la consommation.

107. Des progrès ont-ils été réalisés, soit par un meilleur choix des cépages, soit par des améliorations introduites dans les procédés de culture?

L'introduction générale des gros cépages a augmenté les produits et diminué la qualité.

La taille et le pincement n'ont pas été modifiés.

Les grosses races donnent encore des produits, alors même que les premiers boutons ont été détruits par la gelée; elles produisent plus tôt que les fins cépages après la plantation.

On a drainé des vignes. On a essayé quelques nouvelles méthodes qui ne se sont pas généralisées, notamment les systèmes Guyot et Trouillet.

108. Les procédés de fabrication des vins se sont-ils améliorés?

L'emploi des couvertures à claire-voie sur la cuve et des caves hermétiquement fermées s'est introduit dans certaines localités de l'arrondissement depuis quinze ans environ. Cette méthode a pour but de maintenir le marc dans le moût, de l'empêcher de s'échauffer et de passer à la fermentation acéteuse par suite du contact avec l'air, et de permettre au vin d'atteindre son maximum de couleur, sans danger pour sa qualité.

109. Quels sont les frais de culture des terres plantées en vignes, soit par hectare, soit par mesure locale, dont le rapport avec l'hectare serait indiqué?

Quel est le détail des divers travaux que nécessite la culture de la vigne et des frais auxquels donne lieu chacun de ces travaux?

1er Métier.	Déchalasser	»f 15c	par are.
2e —	Tailler	» 30	—
3e —	Bêcher	» 70	—
4e —	Échalasser	» 75	—
5e —	Plier	» 25	—
6e —	Pincer	» 50	—
7e —	Biner	» 15	—
	À reporter	2 80	—

		Report...........	2f 80c par are.
8e	—	Nettoyer....................	» 60 —
9e	—	Relever et lier	» 40 —
10e	—	Biner pour la seconde fois	» 15 —
11e	—	— troisième fois	» 15 —
			4 10

A cette somme il faut ajouter pour échalas, fumier
et provignage, par année moyenne............. 2 20
plus pour les frais de vendange .... » 60

Total..... 6 90

110. Quel est le rendement par hectare ou par mesure locale
des terres plantées en vignes et quelles sont les variations que
ce rendement a éprouvées depuis dix ans?

Le rendement moyen par hectare a été de 50 hectolitres. Ce rendement pendant les dix dernières années, a été plus considérable
que dans le cours des dix précédentes. Les années les plus abondantes
ont été 1857, 1858, 1859, 1862.

111. Quels sont les prix de vente des vins et quels changements ont-ils subis depuis dix ans?

Le placement des vins des diverses qualités est-il plus ou
moins facile que par le passé?

Le prix moyen depuis quelques années peut être évalué à 25 francs
l'hectolitre, pris en cave sur le lieu de production.

Depuis dix ans les prix se sont élevés.

Le placement est plus facile. Ce placement serait plus facile encore,
si les pays voisins n'y mettaient obstacle par des droits trop élevés de
douanes et de consommation.

§ 21. — CULTURE DES ARBRES A FRUITS.

112. Quelle est l'importance de la culture des pommiers et
des poiriers à cidre?

Nulle dans l'arrondissement.

113. A quels frais donne lieu cette culture dans une exploi-

tation d'une étendue déterminée et quels profits en tire le cultivateur?

Néant dans l'arrondissement.

114. Quelle est l'importance des plantations d'oliviers, de noyers, d'amandiers, etc.

Nulles en ce qui concerne les oliviers et les amandiers. Peu considérable pour les noyers.

115. Quels sont les frais, quel est le rendement de ces cultures dans une exploitation d'une étendue déterminée?
Quels sont les prix de vente des produits?

Les frais et le rendement de cette culture sont très-variables et difficiles à déterminer à raison de leur faible importance.
Le prix de vente des noix peut être évalué en moyenne à 12 ou 15 francs l'hectolitre, sur le lieu de production.

116. Quelle est l'importance de la culture des fruits destinés à l'alimentation et qui sont consommés frais ou conservés?

Environ 1 384 hectares, dont 565 en vergers (pommiers, pruniers, noyers, poiriers), 815 principalement en mirabelliers et cerisiers, enfin 4 en noyers.
Ces chiffres, fournis par la Statistique publiée en 1860, n'ont pas dû varier sensiblement.

117. Quels sont les frais de culture et le rendement, pour une exploitation d'une étendue donnée, des pruniers, abricotiers, pêchers, cerisiers, poiriers, pommiers, etc.?

Les frais de culture et de rendement sont très-variables, il est impossible de les déterminer avec quelque précision.

118. Quels sont les prix de vente des produits qui en proviennent et quelles modifications favorables à l'agriculture ont eu lieu depuis un certain nombre d'années dans la manière de tirer parti de ces divers produits?

Par suite de l'établissement des chemins de fer, une quantité assez considérable de fruits est expédiée sur Paris et l'Angleterre. On exporte notamment des mirabelles dites de Metz; depuis quinze ans, le prix de ce dernier produit s'est élevé.

§ 22. — SÉRICICULTURE.

119. Dans les pays adonnés à la sériciculture, quelles sont actuellement les conditions de la culture des mûriers et de l'éducation des vers à soie ?

Néant. — On ne se livre pas à la sériciculture dans l'arrondissement.

120. Quelles différences existent, à cet égard, entre l'ancien état de choses et la situation actuelle ?

Quelques essais d'éducation ont fait penser qu'on trouverait peut-être avantage à élever des vers à soie pour la reproduction de la graine. Un rapport intéressant a été lu à ce sujet à l'Académie impériale de Metz (séance d'août 1866).

121. Quelle est la diminution de revenu causée dans la contrée par la maladie des vers à soie ?

Néant.

122. Quelles réductions ont eu lieu, pour cette cause, dans le nombre et dans l'importance des établissements spécialement affectés à l'éducation des vers à soie ou annexés aux exploitations rurales ?

Néant.

§ 23. — PROPORTION DES CULTURES ET DES PRODUITS CULTIVÉS.

123. Quelle est, dans la contrée, la proportion des recettes brutes en argent que donne chacun des produits ci-dessus énumérés ?

Par hectare en argent :

Prairies naturelles	210ᶠ
— artificielles	175
Betteraves	440

Choux, navets et carottes....................	400ʳ	Paille.
Blé................................	260	80ʳ
Méteil..............................	240	70
Seigle..............................	185	90
Orge...............................	250	40
Avoine.............................	160	50

Pommes de terre ...... 360ʳ (La maladie des pommes de terre détruit en moyenne 20 p. % de la récolte, en sorte qu'il ne reste au producteur que 120 hecto-litres par hectare.)

Légumes secs.........	250ʳ	Paille	35ʳ
Graines oléagineuses....	370	—	15
Chanvre ; graine	150		
— filasse.......	1000		
Lin : graine	280		
— filasse	840		
Tabacs (en 1865)	1182	35	
Houblon	1440		
Vignes..............	1250		

Le chiffre indiqué par la moyenne décennale n'a pu être adopté comme multiplicateur, à raison des mauvaises années qui ont élevé trop haut cette moyenne.

Les prix indiqués sous les numéros précédents, ont dû être modifiés, parce qu'il faut tenir compte du déchet et des frais faits par le cultivateur pour amener ses produits sur le marché.

124. Quelle est cette proportion pour une exploitation prise comme type ordinaire du pays?

Pour une exploitation de 25 hectares (une charrue):

Prairies naturelles	2ʰ 50ᵃ	525ʳ »
— artificielles.................	2 40	420 »
Betteraves	» 20	88 »
Blé............................	6 50	2210 »
Seigle..........................	» 25	88 95
Orge...........................	1 »	290 »
Avoine	4 20	882 »
Pommes de terre	1 »	360 »
A reporter...	18 05	4863 95

Reports.....	18ʰ 05ᵃ	4863ᶠ 95ᶜ
Légumes secs......................	» 40	114 »
Vignes	» 80	1000 »
Jachère.......................	2 50	» »
Colza ....:...........	1 80	693 »
Chemins, bâtiments, jardins, vergers, pâturages et cultures diverses peu importantes......................	1 45	250 »
Total égal.....	25ʰ »	6920 95

Cette somme est bien loin d'être réalisée toute entière en argent. Une très-forte partie doit en être déduite, notamment celle qui représente la valeur des pailles, fourrages, etc., consommés par le bétail.

III. — Circulation et placement des produits agricoles. — Débouchés.

125. Quelles facilités et quels obstacles rencontrent l'écoulement et le placement des produits agricoles de la contrée, leur circulation et leur transport ?

1° Facilités : chemins de fer construits, grande viabilité très-améliorée depuis trente ans ;

2° Obstacles : droits excessifs des octrois, tarifs des chemins de fer, droits de douane trop élevés encore, nonobstant les réductions obtenues par les traités de commerce. Le droit de consommation établi par le gouvernement belge, depuis l'abaissement des droits de douane, est tellement élevé, que la viticulture de l'arrondissement ne peut profiter de la réduction obtenue.

126. Quels sont les débouchés qui leur sont déjà ouverts et ceux qu'il serait possible de leur ouvrir encore ?

1° Débouchés déjà ouverts : l'Allemagne et la Belgique, par suite de l'abaissement des droits de douane, de l'établissement de la construction des chemins de fer et du canal de la Marne à la Sarre ;

2° Débouchés à ouvrir : tous les pays, par des réductions nouvelles des droits d'octroi, de douane et de consommation, par l'achèvement et le perfectionnement des chemins communaux, même de ceux non classés, la canalisation de la Moselle, la construction du chemin de fer de Reims, l'établissement de différents ponts sur la Moselle, notamment à Ars et Hagondange.

127. Quels progrès la viabilité y a-t-elle faits depuis un certain nombre d'années, en remontant à trente ans au moins?

En ce qui concerne la grande voirie, les progrès faits depuis trente ans sont nombreux et importants dans le département de la Moselle.

Chaque commune a été mise en communication : soit avec une route impériale, soit avec une route départementale, soit avec un chemin de grande communication pour l'écoulement des produits agricoles.

Parmi les chemins vicinaux qui établissent cette communication, il en est dont la viabilité laisse encore à désirer.

128. Quelle a été l'étendue des voies de communication nouvellement créées et l'importance des améliorations apportées à celles qui existaient?

875 kilomètres de chemins vicinaux ordinaires existaient avant 1836 dans l'arrondissement ; les états de classement ont été revisés, et l'étendue des chemins réduite à 805 kilomètres.

Depuis cette époque, on a classé treize chemins de grande communication développant ensemble 298 kilomètres, et trente et un chemins d'intérêt commun d'une longueur totale de 374 kilomètres.

129. Quelles ont été les lignes de chemins de fer construites et mises en exploitation?

Ces lignes, en ce qui concerne le département de la Moselle, sont :

Nancy à Forbach et raccordement	90 071ᵐ
Metz à Thionville et la frontière	46 219
Mézières à Thionville	56 936
Longuyon à la frontière	21 255
Thionville à Niederbronn (section de Béning-Merlebach à Sarreguemines)	23 215
	237 696

130. Quels travaux, pour la création de voies nouvelles ou l'amélioration des voies existantes, ont été faits en ce qui concerne les routes impériales?

Les routes impériales du département de la Moselle présentent un développement de 467 kilomètres 325 mètres.

Les constructions ou reconstructions de routes impériales exécutées depuis une trentaine d'années, ont embrassé une longueur de 113 971 mètres.

Pour l'amélioration des voies-existantes, on a fait depuis 1836, de nombreux travaux, consistant en rectifications et adoucissements de fortes pentes, grosses réparations de chaussée, reconstructions et réparations de ponts et autres ouvrages d'art, constructions de caniveaux pavés dans les traverses, etc.

131. **Mêmes questions pour les routes départementales.**

Les routes départementales de la Moselle présentent un développement de 366 kilomètres 236 mètres.

Les constructions ou reconstructions de routes départementales exécutées depuis une trentaine d'années dans la Moselle, ont embrassé une longueur de 141 kilomètres 238 mètres.

On a fait de nombreux travaux pour l'amélioration des voies existantes.

132. **Mêmes questions pour les chemins de grande communication.**

Des chaussées empierrées ont été régulièrement construites, des terrassements, des développements et des changements de direction ont été effectués dans le but de réduire les pentes maximum, sauf quelques exceptions, à une inclinaison de 5 centimètres.

Pour faciliter l'écoulement des eaux, il a en outre été établi de nombreux ouvrages d'art, tels que ponts, ponceaux, aqueducs, gargouilles et caniveaux, des fossés ont été pratiqués partout où le sol du chemin se trouvait être au niveau ou au-dessous du niveau des champs voisins.

133. **Mêmes questions pour les chemins vicinaux.**

Les chemins d'intérêt commun ont été construits d'après les mêmes règles, mais sur des dimensions moindres et avec moins de régularité.

Les chemins vicinaux ordinaires laissent généralement à désirer. Il serait utile d'affecter à l'entretien de ces chemins une partie des dépenses trop considérables faites sur les routes impériales et départementales.

134. Mêmes questions pour les chemins ruraux et d'exploitation.

Les chemins ruraux sont restés presque partout à l'état de sol naturel.

La loi ne permet pas aux administrations communales d'affecter une partie de leurs prestations à la viabilité de ces chemins, et les ressources municipales sont d'ailleurs insuffisantes.

135. Mêmes questions pour les fleuves, rivières et canaux.

Les travaux entrepris pour la navigation de la Moselle ont été insuffisants. Jusqu'à présent, cette rivière, qui traverse le département sur une longueur de 80 059 mètres, n'est pas navigable.

Le canal des houillères de la Sarre a été livré à la navigation dans les premiers mois de 1866.

Il présente une longueur totale de 76 kilomètres.

136. Quelle est la direction donnée aux divers produits agricoles de la contrée et quelles variations cette direction a-t-elle éprouvée depuis trente ans?

Les seigles sont expédiés sur le Nord, la Hollande, la Belgique et l'Allemagne; les colzas, sur la Belgique et les provinces rhénanes; les blés et avoines, sur Paris, l'Alsace et la Belgique; les pommes de terre, sur la Belgique et la Hollande; les vins, très-rarement sur l'Allemagne et la Belgique, très-souvent sur l'arrondissement de Sarreguemines, quelquefois sur Paris et les Vosges; les légumes, les fruits et les volailles, et une quantité peu considérable de bétail, sur Paris. Les œufs, en Angleterre; une très-faible quantité de foin et de paille, sur la Prusse rhénane. Autrefois, presque tous ces produits étaient consommés sur place.

137. La facilité et la rapidité plus grandes des communications ont-elles, depuis un certain nombre d'années, donné de l'extension aux expéditions des produits agricoles à des distances éloignées?

Oui, une extension très-considérable.

138. Quels sont ceux de ces produits qui ont plus particulièrement pris part à ce mouvement?

Les produits indiqués sous le numéro 136.

159. Quels progrès serait-il possible de réaliser encore à cet égard ?

Les frais nécessités par l'entretien des routes impériales ayant considérablement diminué, à raison de la création des canaux et chemins de fer, il serait utile de consacrer l'excédant des crédits à la création de chemins d'intérêt commun, chemins vicinaux et communaux, et à l'entretien de ces mêmes chemins. Il faudrait également classer comme chemins vicinaux, tous les chemins ruraux ou d'exploitation appartenant aux communes, enfin hâter l'exécution de la canalisation de la Moselle, cette rivière n'étant navigable qu'une partie de l'année.

140. Quelle influence le perfectionnement des voies de communication a-t-il exercée sur le prix de revient des produits agricoles ?

Ce perfectionnement a nivelé les prix, diminué les difficultés des transports.

Cependant, l'agriculture n'a pu encore en recueillir tout le bienfait, à raison du mauvais état des chemins vicinaux et ruraux.

141. La facilité des communications a-t-elle eu pour effet de niveler les prix et de faire disparaître les inégalités souvent considérables qui existaient à cet égard d'une contrée à une autre ? Ne serait-ce pas par ce motif que l'on peut expliquer que, dans certaines contrées où les récoltes ont mal réussi, les prix restent à un taux peu élevé, tandis qu'ils se maintiennent à un chiffre rémunérateur dans des pays où les récoltes ont été surabondantes ?

§ 1. Oui.
§ 2. Oui.

142. Quelle comparaison peut-on établir sous ce rapport entre l'ancien état de choses et la situation actuelle ?

La disette est plus difficile, mais aussi le cultivateur peut voir son travail moins productif, à la suite d'une mauvaise année.

Le prix des subsistances s'est élevé de 30 à 40 p. %.

143. Quels sont les frais de transport que les produits agricoles ont à supporter pour être dirigés des lieux de production sur les lieux de consommation?

L'évaluation, suivant la nature des transports, est donnée dans les numéros suivants.

144. A combien s'élèvent ces frais sur les chemins de fer? Quels sont les prix des tarifs et les autres dépenses accessoires?

Ces frais varient de 2 à 8 centimes par tonne et par kilomètre, suivant la nature des marchandises, et la longueur des distances.

Les accessoires se payent à raison de 1 fr. 25 c. en moyenne par tonne, quelle que soit la distance.

145. Quelles sont les dépenses des transports par les routes de terre?

On peut évaluer le prix moyen du roulage pour toutes espèces de marchandises, à 0 fr. 20 c. par tonne et par kilomètre.

Pour les courtes distances que parcourent généralement les produits agricoles, de la ferme au marché, le prix du transport peut être évalué à 0 fr. 25 c. par tonne et par kilomètre.

146. Quels sont les frais de transport par les voies navigables? Quelle peut être particulièrement l'influence exercée sur les débouchés par les droits de navigation intérieure perçus sur les fleuves, rivières et sur les canaux appartenant à l'État ou les exploités par voie de concession?

Sur la rivière de Moselle, lorsque la navigation était très-active, le taux du fret était d'environ 3 centimes par tonne et par kilomètre.

Aujourd'hui les seuls transports importants sont ceux des bois de construction qui s'effectuent à la descente. Les droits de navigation varient, suivant les marchandises, de 1 à 2 centimes par tonne et par kilomètre.

La navigation est actuellement trop affaiblie sur la Moselle pour que ces taxes puissent exercer une influence quelconque sur les débouchés.

IV. — Législation. — Règlements. — Traités de Commerce.

147. Les grains importés de l'étranger sont-ils venus depuis quelques années faire concurrence aux grains indigènes sur les marchés de la contrée? Dans quelle mesure? Quels ont été les effets de cette concurrence?

Ces grains sont plusieurs fois venus faire concurrence aux grains indigènes sur les marchés de la contrée. L'arrivée de ces grains a été constatée notamment en 1861, à l'époque des mauvaises récoltes, qui ont provoqué l'arrivée des blés de l'Allemagne. Ces blés ont occupé les marchés dans la proportion de un dixième environ.

Cette concurrence a eu pour effet d'empêcher les prix de s'élever davantage.

La concurrence des blés étrangers n'est pas très-redoutable dans l'arrondissement, attendu que cette concurrence ne se manifeste sensiblement que lorsque les blés atteignent un prix déjà élevé.

148. Quelle part la contrée a-t-elle prise au mouvement d'exportation des céréales françaises à destination de l'étranger? Si des expéditions de ce genre ont eu lieu, quel en a été l'effet?

Lorsque les céréales tombent au-dessous de 22 à 23 francs les 100 kilos, il s'en exporte fréquemment; le résultat de cette exportation est de modérer la baisse qui aurait pu être poussée plus loin par suite de la difficulté de la vente.

La part prise au mouvement d'exportation des céréales est devenue surtout importante depuis l'abolition de l'échelle mobile, ainsi que depuis la conclusion du traité international avec le Zollverein.

On peut citer, comme exemple, ce qui s'est passé en 1865-1866, époque à laquelle le département a exporté environ 400'000 quintaux de blé, tant en Belgique qu'en Allemagne.

L'effet de ces expéditions a été de maintenir le prix des blés au taux de 21 francs les 100 kilos, tandis que, sans ces facilités d'exportation, les prix de 17 à 18 francs eussent été possibles.

149. Quels ont été les effets produits par la suppression de l'échelle mobile et quelle est l'influence de la législation qui régit aujourd'hui notre commerce d'importation et d'exportation des grains avec l'étranger depuis la loi du 15 juin 1861?

L'effet a été régulateur, les prix tendent à se niveler.

La suppression de l'échelle mobile a été utile au pays et n'a pas nui à l'agriculture de l'arrondissement.

150. Quelle influence attribue-t-on aux opérations d'importation temporaire des blés étrangers pour la mouture et de réexportation de farines, et à l'explication des règlements spéciaux relatifs à ces opérations, notamment en ce qui concerne les acquits-à-caution?

Ces opérations et ces règlements ne présentent aucun inconvénient. Ils offrent même quelques avantages, à raison des facilités d'exportation plus grandes, qu'elles donnent aux producteurs de céréales, et des sons utiles à l'alimentation du bétail qui restent dans le pays.

L'emploi de ces acquits-à-caution étant fort rare dans le département, leur influence a été peu sensible jusqu'à ce jour.

151. Quelle a été, dans la contrée, l'importance des quantités de blé étranger introduites par la mouture? Quelles ont été les quantités de farines exportées en représentation des blés étrangers admis pour la mouture? Quel effet ces opérations ont-elles pu avoir sur le cours des grains?

§ 1. Insignifiant.
§ 2.   Id.
§ 3.   Id.

152. Quelle action ont pu exercer les traités de commerce conclus avec diverses puissances étrangères au point de vue du placement, des prix de vente et des débouchés extérieurs des divers produits agricoles, savoir :

Les céréales?
Les vins et spiritueux?
Les sucres indigènes?
Le bétail?
Les laines?

Les beurres et fromages ?
Les volailles et les œufs ?
Les légumes et les fruits frais ?
Les graines oléagineuses !
Les plantes textiles ?
Les plantes tinctoriales, etc., etc. ?

Céréales. Les prix sont moins avilis, dans les années abondantes, la sécurité commerciale est plus grande.

Vins et spiritueux. Effet favorable, vente plus facile.

Bétail. Malgré l'importation les prix se sont élevés par suite des progrès de la consommation de la viande, particulièrement depuis le typhus des bêtes bovines. Sans les traités de commerce les prix seraient plus élevés encore.

Laines. Les laines de provenances étrangères ont fait aux laines indigènes une concurrence assez redoutable.

Beurres et fromages. L'effet a été insignifiant.

Volailles et œufs. Id.

Légumes et fruits frais. Id.

Graines oléagineuses. Influence utile ; le département en fournissant à la Belgique et aux Provinces rhénanes.

Plantes textiles. Effet insignifiant.

Plantes tinctoriales. Effet nul.

153. Quelle influence ces mêmes traités ont-ils pu avoir sur les prix de vente et de location des terres qui sont à portée de profiter de nouveaux débouchés extérieurs qu'ils ont créés ?

L'influence n'est pas encore appréciable.

154. Quel a été l'effet de ces traités sur l'importation étrangère, et, par suite, sur le prix de revient des matières premières servant à l'agriculture, notamment :

Les fers, et, par suite, les machines agricoles et les instruments aratoires ?

Les engrais ou autres substances servant à l'amendement des terres ?

Les étoffes et les vêtements, etc., etc. ?

Le prix du fer est moins élevé ; les instruments agricoles sont meilleurs, moins chers, trop chers encore cependant.

Pour les engrais, l'influence est à peu près nulle, on emploie très-peu d'engrais du commerce.

Pour les étoffes, baisse légère.

V. — Questions générales.

155. Quels sont, dans la législation civile et générale, les points auxquels il paraîtrait y avoir lieu d'apporter des modifications que l'on considérerait comme utiles à l'agriculture ?

Il serait utile d'apporter à cette législation les modifications suivantes :

Supprimer le paragraphe 2 de l'article 832, lequel est ainsi conçu : « Il convient de faire entrer dans chaque lot, s'il se peut, la même quantité de meubles, d'immeubles, de droits ou de créances de même nature ou valeur. » Modifier l'article 826 dans le même sens, parce que la jurisprudence[1], se fondant sur ces termes de la loi, déclare rescindable le testament qui, tout en déterminant des parts parfaitement égales en valeur, composerait ces parts, les unes d'immeubles, les autres de meubles ou d'argent.

En sorte qu'elle annule le testament[2] qui, cependant, pourrait être ainsi conçu : « Voulant maintenir l'égalité entre mes deux enfants et faciliter à chacun d'eux l'exercice de sa profession, je laisse à mon fils aîné, cultivateur, mon domaine rural, qui vaut cent mille francs, à mon second fils, négociant, une somme d'argent de cent mille francs. »

La jurisprudence, déclarant cette disposition contraire à la loi, il faudra donc que la ferme, unité agricole, soit divisée, c'est-à-dire détruite ou vendue, et il ne faut pas s'étonner, dès lors, qu'arrivé à un certain âge, le père de famille, en prévision de cette triste éventualité, se garde bien d'améliorer son domaine, s'il cultive par lui-même, et de passer un long bail, s'il le fait cultiver par un fermier ; et cela dans l'intérêt même de ses enfants, car un long bail entrave la vente en détail, et la construction de bâtiments diminue le patrimoine sans augmenter la valeur vénale de la terre.

Si le propriétaire rural est mineur, le tuteur lui-même ne peut, aux termes de l'article 1718 du Code Napoléon, louer le domaine rural

[1] Caen, 27 mai 1845 ; Limoges, 5 août 1856 ; Cass., 18 déc. 1848 ; Agen, 18 avril 1849 ; Caen, 15 déc. 1849.

[2] La jurisprudence a également étendu cette décision aux partages anticipés, inconvénient plus grave encore pour la petite propriété. Rej., 28 fév. 1865.

pour une durée de plus de neuf ans. Même incapacité, aux termes de l'article 481 du Code Napoléon, si le mineur est « émancipé. » Il faudrait que le tuteur, avec l'autorisation du conseil de famille, le mineur émancipé, avec celle du curateur, fussent capables de passer des baux de dix-huit ans.

Reviser le cadastre de telle manière que, les propriétaires étant entendus contradictoirement, le cadastre puisse servir de titre de propriété et empêcher les procès.

Simplifier les rouages et les formalités administratives, judiciaires et extrajudiciaires, notamment celles relatives aux emprunts hypothécaires, à la vente sur expropriation forcée, et surtout celles relatives à l'aliénation des biens des mineurs et des communes, formalités qui consument en pure perte une partie notable, fort souvent le quart du patrimoine qu'elles doivent protéger.

Modifier la loi du 25 mai 1838, sur les justices de paix : étendre leur compétence : 1° aux questions de propriété ; 2° en toute matière, à 500 francs sans appel, à 1 000 francs à charge d'appel ; 3° donner aux juges de paix les attributions que possède le président du tribunal, en matière de référé. Modifier le paragraphe 2 de l'article 6, pour étendre leur compétence en matière de bornage[1]. Les charger des petites licitations et de la vente des biens de mineurs. Exiger de sérieuses garanties des juges de paix, lors de leur nomination. Pour le jugement de toutes les questions nouvelles dont la décision leur serait attribuée, leur nommer des assesseurs gratuits ayant voix délibérative, et choisis parmi les propriétaires et cultivateurs du canton.

Édicter des lois rurales plus explicites sur les questions de possession et d'irrigation ; plus favorables surtout à la pratique des irrigations, parce qu'aujourd'hui la valeur relative des fourrages et de la force motrice de l'eau ayant changé, l'intérêt général veut que les entreprises d'irrigation ne soient plus aussi fréquemment entravées par la présence des usines.

Abolir le droit de vaine pâture, qui entrave la liberté des assolements.

Diminuer le nombre des autorisations d'ouverture des cabarets, réglementer plus sévèrement ces établissements.

Déclarer les fonctions de maire incompatibles avec celles de cabaretier.

[1] Les juges de paix peuvent juger ces questions mieux et plus économiquement que des juges éloignés, parce qu'ils connaissent et ont sous les yeux les lieux, les hommes et les choses.

Prohiber les ventes dans les cabarets et auberges.

Autoriser les gardes champêtres à verbaliser comme agents de police.

Substituer partout le pesage au mesurage pour la vente des grains.

Exiger des livrets pour les ouvriers ruraux.

Faciliter l'accès des caisses d'épargne.

Donner plus d'autorité aux délégués cantonaux et d'influence à leur contrôle.

Assimiler, quant à la législation, les chemins ruraux ou d'exploitation appartenant aux communes avec les chemins vicinaux.

Déclarer d'utilité publique, la création de chemins d'exploitations entre les confins, là où les propriétés sont morcelées.

Modifier l'organisation militaire d'une manière telle que l'armée permanente, qui enlève tant de bras à l'agriculture, soit beaucoup moins considérable, et qu'une armée non permanente, ne faisant l'exercice qu'en hiver, soit rendue pendant le reste de l'année aux travaux de la culture.

N'accorder aucune subvention de l'État aux travaux d'embellissement des grandes villes, travaux qui enlèvent à la culture une partie des bras qui lui sont indispensables.

Interdire, dans les emprunts publics et sociétés par actions, les primes et tirages de lots, qui constituent en réalité le rétablissement des loteries prohibées par la loi.

Abaisser le prix des transports utiles à l'agriculture.

Mettre en vigueur la loi du 20 mars 1851, qui organise la représentation libre et élective de l'agriculture.

156. Quels sont, dans la législation fiscale, les points auxquels il paraîtrait y avoir lieu d'apporter des modifications que l'on considérerait comme utiles à l'agriculture ?

1° Supprimer le droit d'enregistrement qui frappe les échanges d'immeubles.

Un grave obstacle s'oppose, dans la contrée surtout, à l'adoption générale d'un assolement meilleur : le morcellement.

Il faut se garder ici d'une erreur fréquente qui consiste à confondre deux choses cependant très-distinctes, la division, qui est la conséquence de l'égalité des partages, et le morcellement qui résulte de la subdivision en 20 ou 25 parcelles en moyenne, souvent 250 et 300 parcelles, de la propriété afférente à chaque propriétaire.

5

Ce n'est pas la division du sol qui s'oppose à l'adoption d'un assolement perfectionné, puisque malgré cette division la contenance moyenne de chaque propriété est encore de 8 hectares environ (45 millions d'hectares répartis entre 5 millions 500 mille propriétaires). Au contraire, la subdivision en 20, 25, 30 parcelles de 9, 18, 27, 36 ares (c'est la subdivision la plus fréquente) de la propriété afférente à chaque propriétaire, ne peut être justifiée par aucune considération. Elle rend les distances à parcourir par le cultivateur douze ou quinze fois plus considérables, multiplie les procès, stérilise une partie du sol, parce que les cultivateurs se prennent et se reprennent des raies et tournent les uns sur les autres, les empêche de labourer et de herser les sillons en travers, opération très-utile dans nos terres fortes. Elle rend impossible l'emploi de la plupart des machines perfectionnées. Enfin, et surtout, elle a pour effet d'enclaver la presque totalité des parcelles, d'où il suit que pour ne pas dépenser en indemnités de passage une somme égale ou supérieure au revenu de leurs terres les cultivateurs se trouvent obligés de se conformer à l'assolement de leurs voisins, quelque vicieux qu'il soit. Comment, en effet, un cultivateur pourrait-il enlever deux, trois, ou quatre coupes de luzerne, au milieu de ce quadrilatère qui constitue tantôt la saison des blés, tantôt la saison des avoines, et qui présente souvent 1 à 2 kilomètres de côté sans aucun chemin ?

Le remède au mal c'est l'échange.

Il faut donc affranchir l'échange des droits considérables qui empêchent la presque totalité des cultivateurs d'y avoir recours.

En vain, oppose-t-on l'abrogation en 1845 de l'article 2 de la loi de 1824.

En effet, les trois considérations qui furent mises en avant à cette époque ne résistent pas à un examen sérieux.

Première objection. La loi de 1824, disait M. Human, occasionne au Trésor une perte que l'on peut évaluer à 300 000 francs par an.

Mais la réunion des parcelles accroîtrait dans une proportion très-considérable le revenu de la propriété foncière, l'agriculture gagnerait des centaines de millions, et l'État des millions, à l'adoption de cette mesure.

Deuxième objection. La loi de 1824 tendait à reconstituer les grandes propriétés.

C'est précisément le contraire qui est vrai : les grandes propriétés sont rarement enclavées, les petites presque toujours. Sur 43 760 échanges faits en 1832, plus de 38 000 appartenaient à la petite pro-

priété. L'échange n'agrandit pas les propriétés, mais permet de les cultiver. L'esprit de parti a confondu deux choses très-distinctes, la division des propriétés dans l'État, et la subdivision injustifiable du sol appartenant au même propriétaire.

Troisième objection. Pourquoi ne pas réclamer la même exemption en faveur de la vente?

Parce que la vente qui déplace la fortune n'a pas besoin d'être encouragée. L'échange doit être encouragé, au contraire, parce qu'il ne la déplace pas ; il permet au cultivateur de produire davantage, ce qui est d'un intérêt général.

Supprimer cette entrave désolante, serait aujourd'hui chose opportune, parce qu'il est question de refaire le cadastre. Or, un bon cadastre ne doit pas seulement, comme le cadastre actuel, servir de base à la perception de l'impôt, il doit procurer au pays deux bienfaits plus importants encore : 1° prévenir les procès pour l'avenir, en établissant contradictoirement les limites de la propriété ; 2° laisser aux propriétaires, au moment où ils sont appelés à délimiter leurs terres, une entière liberté de reconstituer leur propriété de la manière la plus avantageuse à la culture.

2° Supprimer les droits d'enregistrement qui sont perçus lors des partages de successions sur les soultes et retours de lots.

Abaisser, dans une forte proportion, les droits de mutation et les formalités coûteuses qui frappent une exploitation agricole précisément au moment où elle se trouve, par suite de la mort de son chef, dans l'impossibilité de faire face à des charges nouvelles surtout, ne plus percevoir l'impôt sur l'actif, sans déduction du passif, mode de perception qui établit une inégalité de taxe entre des successions égales, d'ailleurs, et qui est de nature à empêcher les cultivateurs d'avoir recours au crédit.

3° Diminuer les droits énormes et, en réalité, prohibitifs qui frappent la fabrication du sucre indigène, industrie précieuse qui non-seulement assure au bétail une nourriture abondante et économique, mais qui, surtout, permet au cultivateur d'assurer des salaires aux ouvriers agricoles pendant la morte-saison, et de combattre ainsi la tendance à l'émigration.

4° En général, abaisser, dans une forte proportion, les impôts qui frappent d'une manière excessive les valeurs immobilières, notamment les droits d'enregistrement de toute nature, de manière à équilibrer les charges supportées par l'agriculture et celles supportées par la fortune mobilière.

Les droits d'enregistrement sur les ventes d'immeubles dépassent aujourd'hui 6 p. %. Sur les ventes de meubles, le droit est beaucoup moins élevé ; quelquefois même il n'existe pas : c'est ce qu'on peut remarquer notamment au sujet de la vente de certaines valeurs mobilières cotées à la Bourse. L'inégalité est encore plus frappante en fait, qu'elle ne l'est en droit. D'une part, en effet, l'intervention obligatoire des officiers ministériels, lorsqu'il s'agit d'une succession immobilière déférée à un mineur, porte généralement, en fait, à près de 25 p. % le total des droits perçus sur une succession de cette nature. D'autre part, lorsque la succession mobilière se compose de meubles corporels ou de titres au porteur, le père de famille ou les cohéritiers peuvent facilement effectuer le partage de la main à la main, et éviter ainsi le payement des droits dus à l'État. D'où il suit que le possesseur d'un domaine rural tend toujours, dans l'intérêt de ses enfants, à placer en titres au porteur ses économies et ses capitaux, au lieu de les employer à l'amélioration de son domaine.

D'où il suit encore que, l'inaction du capitaliste se trouvant favorisée, les capitaux abandonnent les travaux utiles de l'agriculture, et sont absorbés par les spéculations et les entreprises étrangères.

Ce partage égal des charges publiques entre l'agriculture, l'industrie et la fortune mobilière, serait aussi conforme aux intérêts de l'État qu'à l'équité. En effet, le droit exagéré qui grève les ventes d'immeubles, diminue le nombre des transactions et multiplie les fraudes.

157. Quelles sont les autres causes générales qui ont pu influer dans un sens favorable ou nuisible sur la prospérité agricole ?

Dans un sens favorable :

L'instruction plus répandue, le perfectionnement des voies de communication, les traités de commerce, les concours régionaux, l'attention que le gouvernement donne depuis plusieurs années à l'agriculture, le développement des sociétés agricoles.

Dans un sens défavorable :

Le luxe.

L'absentéisme.

(Indépendamment des causes indiquées sous les numéros précédents et notamment de la dépopulation des campagnes.)

158. Quelles sont les causes secondaires qui pourraient créer

des obstacles plus ou moins sérieux au libre développement de cette prospérité ?

Néant.

159. Les réunions commerciales, telles que les foires et marchés, destinées à la vente des produits agricoles, sont-elles en nombre insuffisant, ou sont-elles, au contraire, trop multipliées ?

Ces réunions sont généralement en nombre suffisant.

160. Existe-t-il des mesures réglementaires émanant des autorités locales qui seraient de nature à entraver les transactions ?

Non.

161. Quels seraient enfin les moyens les plus propres à améliorer la condition de l'agriculture, et quelles mesures croirait-on devoir proposer dans ce but ?

Les mesures indiquées et motivées sous les numéros précédents, et qui peuvent être ainsi résumées :

1° Laisser à l'agriculture les bras qui lui sont indispensables, en supprimant les causes principales de l'émigration. (Voir nos 27 — 38 — 155.)

2° Abolir les entraves légales qui s'opposent fréquemment aux améliorations agricoles. (Voir nos 56 — 125 — 134 — 155 — 156.)

3° Équilibrer les charges qui pèsent sur l'agriculture avec celles qui ne font qu'effleurer la fortune mobilière et l'industrie. (Voir nos 19 — 22 — 155.)

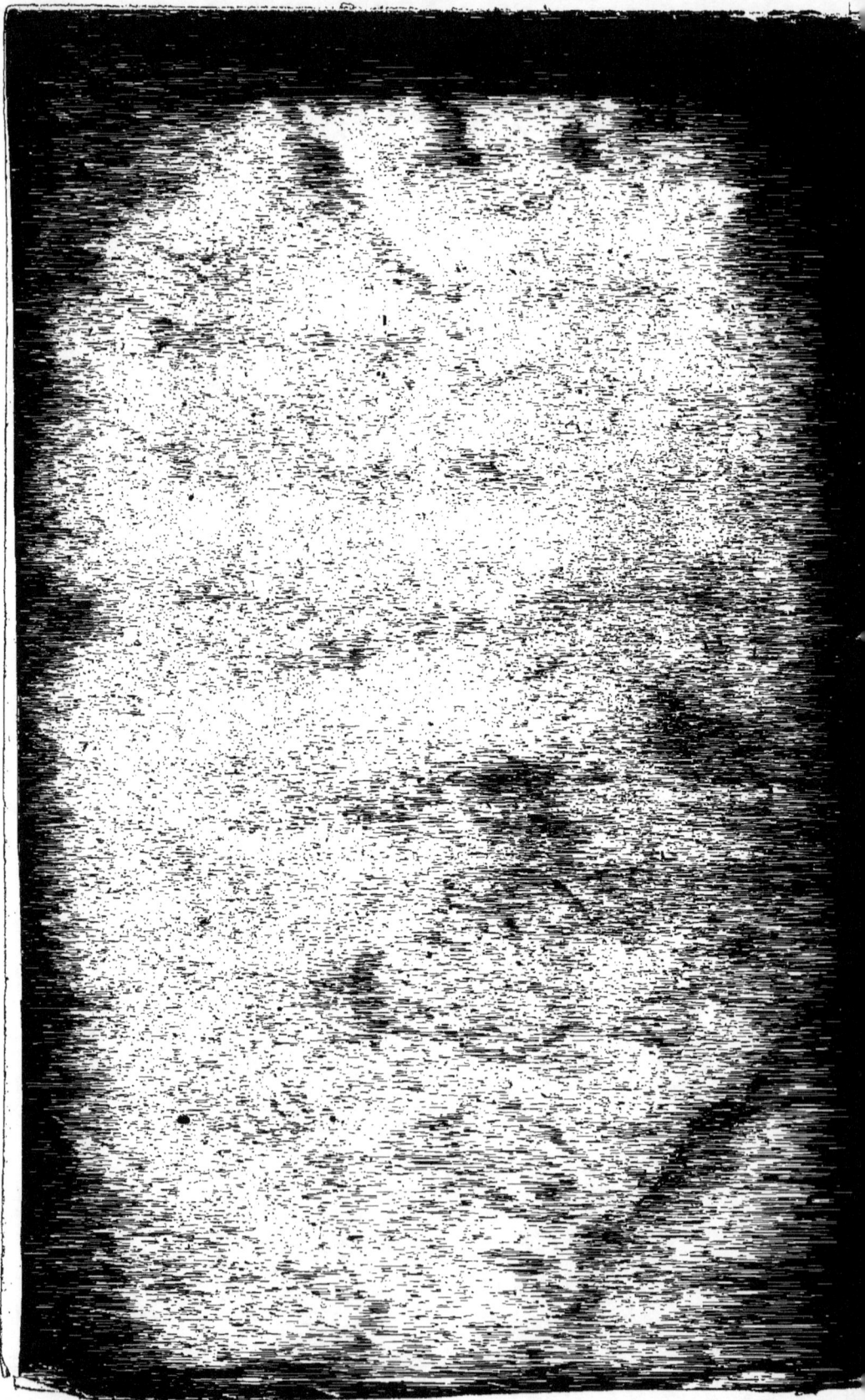

www.ingramcontent.com/pod-product-compliance
Lightning Source LLC
LaVergne TN
LVHW021732080426
835510LV00010B/1220